城市轨道交通运营管理专业项目化精品推荐教材
全国职业教育“十三五”规划教材·城市轨道交通系列
全国行业紧缺人才、关键岗位从业人员培训推荐教材

城市轨道交通运营综合实训与一体化演练
（修订本）

主　编　于立辉　魏　雪
副主编　徐　源　薛琳珊　鞠　丽

本书应用了北京交通大学出版社自主研发的 M⁺Book 技术，展现在读者面前的是一种传统纸媒体与新媒体融合的创新型出版物类型。读者可对图书内容进行立体化的阅读。

请您扫描上面的二维码，具体使用方法见 M⁺Book 版图书使用说明。

北京交通大学出版社
·北京·

内 容 简 介

本书参考了北京地铁、深圳地铁等相关资料，为高等职业技术学院、中等职业学校城市轨道交通运营管理专业学生就业上岗，提供了一体化演练依据。本书内容精简易学，主要包括城市轨道交通车站日常工作处理、非正常情况下的工作处理、车站行车运营管理和轨道交通运输设备运用四个项目，每个项目有相对应的任务单，方便进行演练，同时配有大量案例分析，方便学生掌握实训技巧。

本书适合作为高等职业技术学院、中等职业学校城市轨道交通类专业学生的轨道交通运营管理技能实训教学用书，同时可作为城市轨道交通企业员工在职培训教材，也可供城市轨道交通从业人员参考。

图书在版编目（CIP）数据

城市轨道交通运营综合实训与一体化演练 / 于立辉，魏雪主编 .—北京：北京交通大学出版社，2016. 7（2021. 1 重印）

ISBN 978 - 7 - 5121 - 2937 - 5

Ⅰ. ①城… Ⅱ. ①于… ②魏… Ⅲ. ①城市铁路 - 交通运输管理 - 技术培训 - 教材 Ⅳ. ①U239. 5

中国版本图书馆 CIP 数据核字（2016）第 169893 号

城市轨道交通运营综合实训与一体化演练

CHENGSHI GUIDAO JIAOTONG YUNYING ZONGHE SHIXUN YU YITIHUA YANLIAN

策划编辑：刘辉　　责任编辑：刘辉

出版发行：北京交通大学出版社　　电话：010 - 51686414　　http：//www. bjtup. com. cn

地　　址：北京市海淀区高梁桥斜街 44 号　　邮编：100044

印 刷 者：艺堂印刷（天津）有限公司

经　　销：全国新华书店

开　　本：185mm × 260mm　　印张：10. 75　　字数：268 千字

版　　次：2019 年 7 月第 1 版第 1 次修订　　2021 年 1 月第 4 次印刷

书　　号：ISBN 978 - 7 - 5121 - 2937 - 5 / U · 235

印　　数：5001 ~ 7500 册　　定价：29. 00 元

本书如有质量问题，请向北京交通大学出版社质监组反映。对您的意见和批评，我们表示欢迎和感谢。

投诉电话：010 - 51686043，51686008；传真：010 - 62225406；E-mail：press@ bjtu. edu. cn。

M+Book 版图书 使用说明

如何安装

打开微信中的“扫一扫”，或是使用其他二维码扫描软件（例如 QQ、UC 浏览器里面的“扫一扫”等），然后将二维码图案放在取景框内，即可自动扫描。

扫描成功后，您可以根据自己手机的系统点击下载相应版本，如果页面无法自动跳转，请在浏览器中打开该页再继续下载。

下载完毕后，单击“安装”将应用程序安装在手机上。（建议您在 Wi-Fi 环境下载。）

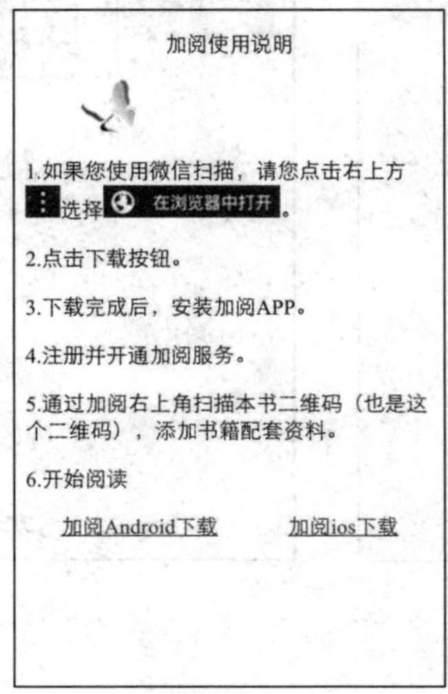

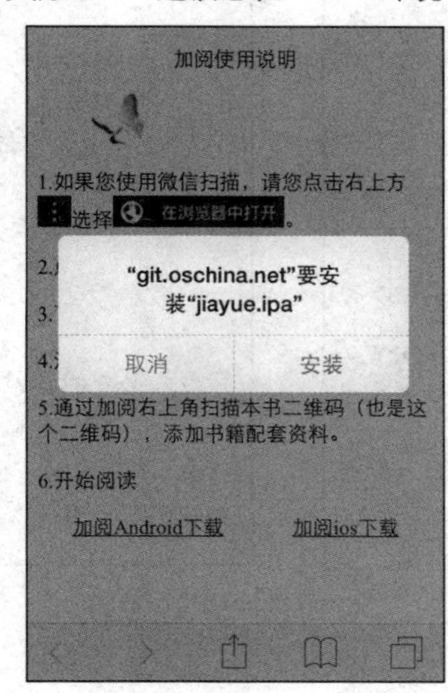

如何使用

安装成功后，应用程序的图标会出现在您的手机上。

点击图标，进入应用界面“我的书架”。点击页面右上角的“+”，再次扫描之前的二维码即可添加本书相关资源。

如何下载资源

点击添加后的“图书”，进入阅读界面。点击“下载”即可下载图书相关资源。点击右上角的绿色箭头，可查看同步状态。资源下载完毕后点击“播放”即可阅读相关内容。点击图书附件下方各图标同步后即可观看图书附带的视频、动画、3D 模型等多媒体资源。

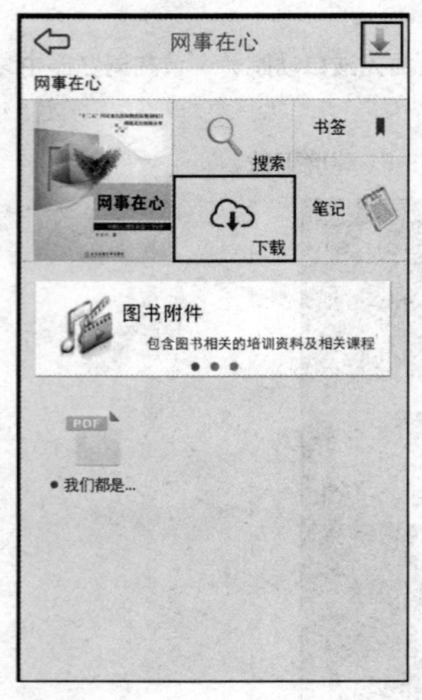

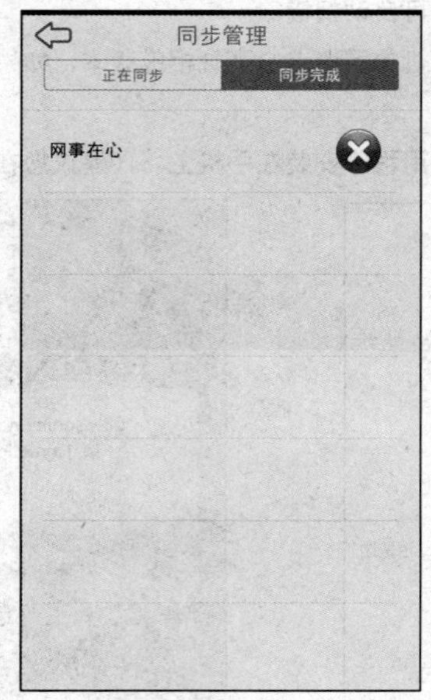

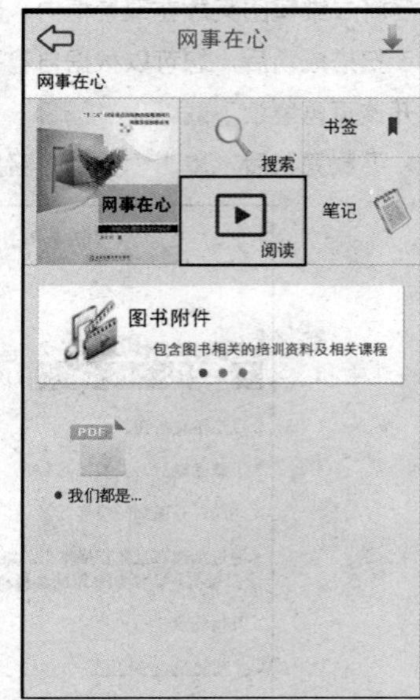

如何搜索

点击放大镜图标，进入搜索界面，点击“图”（或“表”）切换您想搜索的资源类型，在输入框内输入您要搜索的资源名称。例如您要找到“表 3-1”对应的资源，就将输入框的状态切换至“表”，然后在输入框输入“3-1”，点击“确认”即可得到相应资源。

凡在纸质图书中标有“放大镜”标识的图、表都可以使用搜索功能来进行检索。

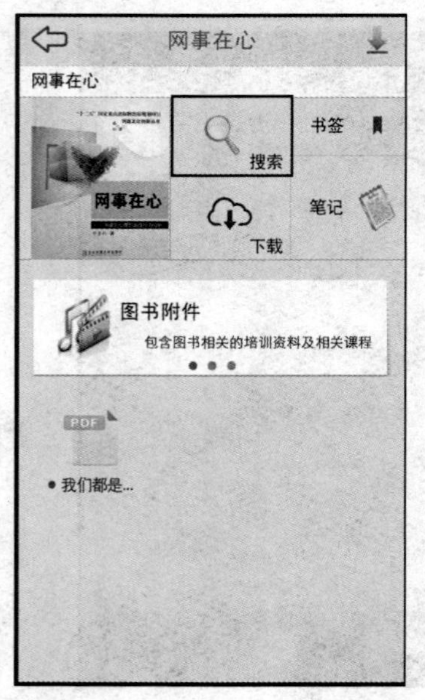

“城市轨道交通运营管理专业项目化精品教材”出版说明

一、教材编写目的

教材是教学工作的重要载体之一，针对目前职业教育城市轨道交通运营管理专业学生适用教材很少的现状，我们编写了城市轨道交通运营管理专业项目化精品教材系列丛书，本丛书以城市轨道交通运营管理专业的主要工作为载体设计训练项目，提高了教学内容的实操性、实用性和先进性，在模拟真实工作情景下，采用“教、学、做”一体化的教学模式，实现专业的人才培养目标。

二、丛书编写的指导思想

（1）本丛书符合现代职业教育理念，体现课程内容职业性、实践性和开放性的特点，体现运营管理专业“校企联动，产学对接”的人才培养模式。

（2）本丛书培养学生的实际动手能力与创新思维能力，达到优化学生的知识、能力和素质的目的，使学生在学习过程中掌握工作过程组织方法，不断提高学生的综合职业能力和职业素质，为城市轨道交通运营管理行业培养合格的高素质应用型人才。

（3）教材是专业人才培养方案和课程标准的具体化，要体现人才培养方案的特色。本丛书的编写体现了与工作过程紧密结合的学习模式。

三、教材编写参与人员

教材编写人员要有丰富的教学实践经验、职业经验和一定的课程开发能力，教材编写团队要有企业人员直接参与。本丛书由企业编写人员与院校编写人员共同参与内容的确定、课程标准的制定和论证。

受编写水平所限，加之时间仓促，本丛书的不足之处，恳请广大读者批评指正。反馈本丛书的意见、建议及索取相关教学课件，可与丛书编委会刘辉联系（cbslh@jg. bjtu. edu. cn）。

城市轨道交通运营管理专业
项目化精品教材
丛书编委会
2019 年 7 月

前　　言

随着城市轨道交通产业在中国的大力发展，各大城市对轨道交通行业人才的需求不断增加，而针对高等职业技术学院、中等职业学校的轨道交通相关教材及参考书却不多。

为了使教学与运营生产实际更紧密地结合，适应生产发展的需要，本书较为详细地将地铁运营所需技能进行了模拟演练，融合了城市轨道交通行车、客运服务技能，突出了技能训练，注重实际应用，便于知识向技能进行转化。本书可作为高等职业技术学院、中等职业学校的教材或教学参考书。

本书由长春职业技术学校党委书记于立辉、轨道交通运营管理专业负责人魏雪、专业教师徐源、沈阳铁路局长春电务段高级技师薛琳珊、长春轨道交通集团人力资源部培训师鞠丽编写，在教材编写过程中得到了洮南市职业技术教育中心管清玉老师的调研帮助，还得到了长春轨道交通集团、深圳地铁集团有限公司等相关企业的大力支持和帮助，特此表示诚挚的谢意。

由于编者水平所限和时间紧迫，本书存在的不妥之处欢迎广大读者批评指正。

反馈本书的意见、建议及索取相关教学资源可通过电子邮箱（cbslh@jg. bjtu. edu. cn）与出版社编辑刘辉联系。

编　者

2019 年 7 月

目　录

项目一　车站日常工作处理

项目描述

城市轨道交通车站的日常工作处理包括售票兑零、问路咨询、礼貌劝阻、关心安抚、查看证件等工作。学生要了解城市轨道交通车站工作的服务标准，并根据相应的标准完成模拟实训，通过实训掌握正确处理城市轨道交通车站日常工作的方法及车站工作人员的日常礼仪规范。

实训目标

（1）掌握城市轨道交通车站的乘客服务工作标准及服务礼仪要求。

（2）掌握各种乘客投诉处理的服务技巧。

（3）熟练掌握客运工作过程中的乘客服务技巧并灵活运用。

（4）了解车站的乘客投诉处理程序和处理方法。

实训设备

（1）实训设备。

城市轨道交通车站客运服务实训设备：车票、闸机、对讲机、乘客意见表。

（2）实训场地。

校内运营综合实训室。

理论基础

一、城市轨道交通服务工作的原则

（1）乘客为先，有理有节。

（2）形象规范，美观大方。

(3) 微笑服务，热忱主动。

(4) 坚持原则，灵活处理。

二、日常客流组织办法

1. 客运组织原则及工作宗旨

1) 客运组织原则

城市轨道交通客运组织工作必须实行集中领导、统一指挥的原则。控制指挥中心(operating control center，OCC) 负责全线的客运组织工作，车站的客运组织由车站站长或值班站长负责。

2) 客运组织工作宗旨

(1) 安全准时：保证乘客进站、出站和乘车的安全，确保列车按列车运行图规定的时间运行。

(2) 方便迅速：导向标志清晰准确，售检票设备操作方便，确保乘客快捷地到达目的地。

(3) 热情周到：耐心、正确地解答乘客询问，主动热情地为乘客服务。

2. 日常客流组织办法

1) 客运站主要设备的功用及布置要求

车站旅客服务设施包含窗口制票机 (booking office machine，BOM)、自动售票机(ticket vending machine，TVM)、进/出站自动检票机 (automatic gate，AG)、自动充值机 (add value machine，AVM)、动态引导显示屏、资讯播报设备、广播设备、视频监控设备、时钟设备、求助设备、自助查询设备、自助寄存设备、门禁设备、安检设备等。不同等级的城市轨道交通车站，分别配备不同的服务设施。

2) 客流组织的原则和客流疏解的基本方式

(1) 客流组织的原则。

①尽量避免和减少各种客流的相互交叉干扰。

②最大限度地缩短旅客流动的距离和时间。

(2) 客流组织方法。

①尽头式客运站、一般的中小型客运站、站房是单层式的车站，要在同一平面上错开客流。

②大型双层客运站要在空间上错开客流，缩短旅客在站内的行程。

平面布局上，右进左出；空间上，进站在上层，出站在下层，旅客行程短，能充分利用平面与空间，进出站客流互不交叉。目前新建大型客运站都采用这种布局。

③避免客流迂回。

3) 车站日常客流组织的组成

车站日常客流组织主要由进站组织、出站组织、换乘组织三部分组成。

(1) 进站组织。

①乘客经出入口、楼梯、自动扶梯 (或垂直电梯)，通过通道进入车站站厅层非付费区。

②乘客到达车站站厅层非付费区，在自动售票机、客服中心或临时售票亭购票后检票通过进站闸机进入付费区，持储值票的乘客可直接检票通过进站闸机后进入付费区。

③持有车票的乘客经进站闸机验票进入站厅层付费区后，再通过楼梯、自动扶梯（或垂直电梯）进入站台层候车。

④乘客到达站台，应站在黄线内候车，通过导向标志和乘客资讯系统选择乘车方向并可了解列车到发时刻。

⑤列车到站停稳开门后，乘客须按先下后上的顺序乘车，站台工作人员要注意防止乘客抢上抢下。

（2）出站组织。

①乘客下车后到达车站站台，经楼梯、自动扶梯（或垂直电梯）进入站厅层付费区。

②出站乘客通过出站闸机（单程票出闸时将被收回），进入站厅层非付费区。

③进入站厅层非付费区后，乘客通过导向标志找到相应的出入口，经通道、出入口出站。

④车票车资不足（车票失效）或无票乘车的乘客须到客服中心办理相关票务手续后，方可出站。

（3）换乘组织。

换乘的方式主要有两种。

①付费区换乘。

乘客到达换乘站下车后，不需通过出站闸机，直接在付费区内根据换乘导向标志指引，经楼梯、自动扶梯（或垂直电梯）到达另一站台层换乘。付费区换乘一般包括同站台平面换乘、站台立体换乘及通道换乘。

②非付费区换乘

乘客到达换乘站下车后，根据换乘导向标志指引，需经楼梯、自动扶梯（或垂直电梯）到达站厅层付费区，通过出站闸机进入非付费区或出站，到另一线路入口后，重新进入付费区进行换乘。

3. 开站前客运准备工作

（1）首班车到站前 30 分钟，客运值班员检查售票员到岗情况，给售票员配好票、款，并对 BOM 进行授权认证。

（2）首班车到站前 15 分钟，值班站长打开车站正常照明；售票员领票、款后到客服中心上岗，授权认证成功后登录 BOM，插入工号牌，开始窗口服务。

（3）首班车到站前 10 分钟，值班站长开启所有 TVM、AVM 和进出站闸机；厅巡、站厅保安开启车站各出入口、自动扶梯和垂直电梯，开始运营服务。

4. 关站前车站客运准备工作

（1）末班车开出前 10 分钟，行车值班员开始末班车提示广播。

（2）末班车开出前 5 分钟，行车值班员暂停 TVM 和进站闸机，通知售票员停止售票。

（3）末班车开出前，站台保安进行站台检查，确认站台乘客均已上车，无异常情况。

（4）末班车开出后（始发/终到站为末班车到站后），站厅值班员和站厅保安进行车站清客工作，关闭车站自动扶梯、垂直电梯和各出入口。

5. 站台安全管理

（1）城市轨道交通客运员工站台安全管理“五注意”。

①注意警示标志，谨防意外。

②注意扶梯运作，谨防夹伤。

③注意地面积水、积油，谨防滑倒。

④注意高空坠物，谨防砸伤。

⑤注意设备异常现象，及时发现，及时排除，谨防发生事故。

（2）站厅值班员岗位职责。

①注意站厅付费区、非付费区乘客的动态，发现有违反城市轨道交通规定的现象要及时制止。

②帮助乘客，回答乘客询问，特别注意帮助老、弱、病、有困难及伤残乘客，解决乘客问题，为乘客提供优质服务。

③协助值班站长、售票员及时更换钱箱、票盒，引导不能正常进出闸的乘客到票务中心处理问题。

④负责站厅员工通道门的管理，对通过通道门进出的人员进行严格登记。

⑤向值班站长报告非正常情况。

⑥留意地面卫生，对水渍、杂物等及时清理和设置警示牌，防止乘客摔倒。

⑦负责检查自动扶梯的状态是否良好。

⑧负责进站的重点乘客（年老体弱者、小孩、神色异常者、残疾人、携大件物品的乘客等）安全，及时发现隐患并通知其他岗位。

⑨关注老年及行动不便的乘客出、入闸后的动向，指引其行动，必要时帮助其下站台或出站。

⑩发现乘客携带行李吃力时主动提供帮助（尤其对老年乘客）。

⑪对以上的第⑧、⑨、⑩项情况，必要时通知站控室，以便通知目的站接应。

⑫多留意扶梯口，发现乘客在徘徊、试探上扶梯时应及时指导或指引其改走楼梯。

⑬与站台值班员互相通报上下站厅的重点乘客的动态。

⑭注意乘客携带的物品，严禁乘客携带“三品”进站。

⑮发现乘客携带超大、超长、超重物品时，禁止其进站乘车，并对乘客耐心解释。

⑯当值班站长不在站厅时，负责接受乘客的口头表扬、投诉或建议，做好记录及时向值班站长汇报。

⑰发现精神异常、醉酒的乘客，禁止其进站乘车，及时向车站综合控制室（简称站控室）客运值班员和值班站长汇报，必要时请求警务人员或其他同事协助，并注意自我保护。

⑱在站厅、出入口范围发生的治安、安全事件，要及时赶到，保护现场，寻找两名及以上目击证人，对伤者可使用外用药。

⑲在站厅、出入口范围发现非城市轨道交通宣传品时，及时采取措施并报告站控室客运值班员和值班站长。

⑳负责站厅、出入口设备、设施的安全，在运营时间内，每 2 小时巡视一遍出入口并将巡视情况报站控室客运值班员，站控室客运值班员做记录。发现有故意损坏或偷窃城市轨道交通设备设施行为时，及时制止，控制肇事人，报站控室客运值班员处理。

㉑负责站厅、出入口的客流组织工作，及时疏导乘客，防止乘客过分拥挤或排长队，客流变化时及时汇报站控室客运值班员。

㉒根据车站安排开关出入口。

㉓负责站厅票务工作的安全保卫。

㉔协助值班站长、客运值班员做好大团体乘客进出站的客流组织工作。

㉕在引导大团体的乘客从员工通道进出付费区时，站厅值班员必须用手提广播召集团体乘客，并不断地广播"这是团体乘客进（出）口，不是该团体的乘客请到进（出）闸机处进（出）"，防止其他乘客走错方向。

（3）站台值班员岗位职责。

①制止乘客违反城市轨道交通相关条例的行为。

②随时注意站台乘客动态，当列车进站时，应在站台扶梯口靠近紧急停车按钮附近站岗，防止乘客在关门时冲上车而夹伤；负责维护站台秩序，监督司机按规范动作关门。

③向乘客宣传不要倚靠屏蔽门，维护站台秩序，组织乘客有序乘降。

④关注站台乘客候车动态，发现有违反城市轨道交通规定的行为要及时制止。

⑤帮助乘客，回答乘客询问；关注老年及行动不便的乘客的动向，指引其走楼梯，必要时扶助其上车、乘扶梯。

⑥在列车到达间隔期间巡视整个站台，发现问题及时采取相应处理措施。

⑦车门（或屏蔽门）关门时，确认其运作情况，发现车门（或屏蔽门）未关闭好时，第一时间通知司机，并及时汇报站控室客运值班员，负责处理故障屏蔽门，需要时采取相应应急措施。

⑧按规定或应司机要求确认站台安全后向司机显示"好了"信号。

⑨站台值班员与司机之间有互联互控的责任，发生异常情况时呼叫司机，司机必须回应；司机要求车站协助时，站台值班员须及时向司机提供帮助。

⑩司机室侧门故障时，站台值班员接报后迅速切除屏蔽门（将门头的三位开关置于"隔离"位），供司机进出客室，处理完毕后，站台值班员恢复屏蔽门并显示"好了"信号。

（4）车站巡视制度的相关规定。

①值班站长每两小时巡视车站一次。相关情况记录在《故障设备设施跟踪处理表》《每日防火检查记录本》上，且交接班前必须巡视一次。

②客运值班员每班巡视 4 次，相关情况记录在《当班情况登记本》上。

③原则上站厅值班员每 2 小时巡视出入口、站厅一次，发现相关情况应立即报站控室行车值班员，行车值班员记录在《当班情况登记本》上。

④站台值班员在接发车间隙来回巡视站台，交接时接岗人员必须先巡视后接岗。

（5）站台值班员岗位服务技巧。

①"四到"。

- 心到：精神高度集中，随时应变异常。

• 话到：提醒乘客按排队箭头候车，不要越出黄线，礼貌疏导客流，向违章乘客解释规定。

• 眼到：密切注视乘客情况及列车运行状态。

• 手到：遇到地面有水，及时设置“小心地滑”牌，设备故障放“暂停服务牌”，地面较脏及时通知保洁清洁。

②“三多”。

• 多巡：沿安全线内侧来回巡视乘客和线路情况（自己不越过安全线）。

• 多看：多观察设备和乘客动态，及时处理异常情况。

• 多提醒：主动提醒乘客看管好物品、小孩；不要拥挤，到人少的一端候车；先下、后上。

③遇蛮横不讲理的乘客及时与值班站长、公安联系，切莫与该乘客发生正面的冲突。

④在车门亮灯即将关闭时靠近扶梯，以防乘客从扶梯上冲下抢上列车。

⑤站台客流不均匀时，要及时引导乘客分解客流。

（6）车站各岗位的巡视范围。

值班站长：设备区、管理用房、站厅、站台、出入口、票务处。

客运值班员：票务处、站厅、站台、出入口。

站厅值班员：出入口、站厅。

站台值班员：站台。

行车值班员：正常情况下，无巡视工作任务。

（7）各岗位巡视的要求。

①认真：巡视人必须以认真负责的态度去巡视所管辖的范围。

②细致：从细微处着手，做到防微杜渐，从看、摸、嗅、听四觉入手。

③周全：岗位内的设备、设施都应检查。

④及时：巡视及时、记录汇报及时、处理及时。

6. 轨行区管理

（1）进入轨行区通道必须征得车控室同意。

（2）进入轨行区作业必须先到车控室请点。

（3）所有进入轨行区的人员必须经过行车调度员批准，车控室同意方可进入。

（4）进入轨行区施工前，需再次核实人数。

（5）进入轨行区前必须穿戴防护用品。

三、乘客投诉处理

1. 投诉的处理原则

（1）乘客投诉的调查处理工作要及时、客观、公正，坚持真诚为乘客服务的原则。

（2）处理乘客投诉按“四不放过”原则，即投诉原因分析不清楚不放过、责任人和其他员工没有受到教育不放过、没有制订防范整改措施不放过、领导责任没有追究不放过。

2. 乘客投诉的分类

（1）按乘客投诉内容，可分为对员工服务态度的投诉、对设施设备的投诉、对公司政策的投诉。

（2）按乘客投诉方式，可分为来信投诉、电话投诉、口头投诉、媒体投诉。

（3）按乘客投诉信息来源，可分为本部门接受的投诉和上级转发的投诉。

（4）按投诉责任划分，可分为有责投诉与无责投诉。

3. 投诉的处理技巧

要站在乘客的立场上将心比心，迅速采取行动，耐心倾听乘客的抱怨，坚决避免与乘客争辩，想方设法平息抱怨，消除怨气。

给乘客留“面子”，无论乘客的意见是对是错，是深刻还是幼稚，都不要表现出轻视的样子。认同乘客的感受，认同不等于赞同，赞同是同意乘客的看法，认同是认可乘客的感受，要学会“先处理心情，再处理事情”。

四、城市轨道交通违禁品规定

1. 城市轨道交通违禁品的种类

（1）枪支、军用或警用械具（含主要零部件）。

①公务用枪和民用枪：手枪、步枪、气枪、猎枪、麻醉注射枪等。

②其他枪支：样品枪、道具枪、发令枪、打火机枪等。

③军械、警械、警棍等。

④国家禁止的枪支、械具：钢珠枪、催泪枪等。

⑤上述物品的仿制品。

（2）爆炸物品。

①弹药：各类炮弹或子弹等。

②爆破器材：炸药、雷管、手雷、打火机等。

③烟火制品：礼花弹、烟花、爆竹等。

（3）管制刀具。

①匕首、三棱刀（包括机械加工用的三棱刮刀）。

②带有自锁装置的弹簧刀。

（4）易燃易爆物品。

①包括汽油、柴油、松香油、油纸等。

②2 kg 以上的白酒、氢气球。

（5）毒害品。

包括氰化物、汞（水银）、剧毒农药等剧毒化学品。

（6）腐蚀性物品。

包括盐酸、氢氧化钠、氢氧化钾，以及硫酸、硝酸、蓄电池等。

（7）放射性物品。

放射性同位素等放射性物品。

(8) 其他禁止乘客携带的物品。

①超长(1.8 m以上)、笨重物品(如自行车、洗衣机、电视机、电冰箱、大型组合音响等)。

②动物及妨碍公共卫生的物品。

③其他可能危及乘客人身安全和影响城市轨道交通设施安全的物品(如玻璃、气球、锄头、扁担、铁锯、铁棒等)。

2. 注意事项

发现携带违禁物品的乘客进站时,向乘客说明城市轨道交通《乘客须知》规定禁止携带此类物品进站,请求乘客支持协助工作。对执意进站不听劝阻者应交值班站长或站长处理,必要时与公安人员取得联系。

城市轨道交通的规章制度是不能违反的,在工作中应时刻记住“安全第一,乘客至上”的原则,即在保证城市轨道交通安全的前提下,尽量满足乘客需求。态度强硬、固执的乘客还是有的,作为工作人员仍应该耐心地解释城市轨道交通相关规定,一定要从乘客的角度出发考虑处理问题的方案。

五、安全事故类专项预案

1. 大面积停电的应急处理

城市轨道交通线路供电设备设施发生故障,可能会造成大面积停电。由于轨道交通部分线路处于密闭环境中,必然会引起部分乘客的恐慌情绪,并发生秩序混乱的情况。此时要求:

①各岗位人员自身保持沉着冷静。

②各岗位人员稳定住乘客情绪,维持秩序,尽力保证乘客安全。

③行车值班员迅速启动紧急照明,各岗位人员巡查各部位是否有人被困。

④控制指挥中心根据停电影响情况,组织抢修,发布列车停运、急救和车站关闭命令,并及时将灾情向上级报告,车站根据控制指挥中心命令清站。

2. 火灾的应急处理

火灾是指在时间或空间上失去控制的燃烧所造成的灾害,其原因可归纳为人为的不安全行为、物质的不安全状态与工艺技术三个方面。城市轨道交通火灾的应急处理因发生地点的不同分为车站火灾处理措施、列车在站台发生火灾处理措施与列车在区间发生火灾处理措施三种情形。

(1) 车站发生火灾。

车站发生火灾后应立即向停留在车站的乘客广播发生火灾情况,指引乘客有序地疏散、撤离车站,同时要暂时停止本站列车服务,向控制指挥中心报告,视情况决定是否要报火警与急救中心,并组织人员进行灭火和关闭车站的各类电梯,救助受伤的乘客;各列车司机在接到车站火灾通知后,要听从行车调度员指挥,并通过列车做好乘客广播;控制指挥中心接报后,立即执行列车火灾应急程序,扣停列车不能进入火灾车站,保持与司机和车站的联系,并视情况决定是否报火警与急救中心。

(2) 列车在站台发生火灾。

司机发现列车在站台发生火灾后应迅速开启屏蔽门,并通过列车广播安抚乘客情

绪，引导乘客有序疏散，使用列车的灭火器进行灭火自救，确认火灾位置并向车站和控制指挥中心报告；车站接报后应立即通过车站广播通知站台乘客列车发生火灾的情况，暂停列车服务，同时组织人员进行灭火，引导乘客有序疏散，并视火灾情况报火警与急救中心；接控制指挥中心接报后，应立即执行列车火灾应急程序，控制好列车间的距离，保持与司机和车站的联系，并视情况报火警与急救中心。

3. 炸弹、不明气体、物体恐吓事件的应急处理

城市轨道交通车站内时常会遇到无主物品，一般为乘客大意遗留或有意丢弃，但也有可能是犯罪分子有意放置的危险物品。对车站、列车范围内的不明物品，城市轨道交通工作人员应保持持续的敏感性，严格按照可疑物品处理预案执行，不可麻痹大意，若延误处理时机，会对乘客造成人身、财产的伤害。

当城市轨道交通人员接到电话、书面或电子邮件等各种形式的恐吓信息时，应按下列应急预案开展工作。

①接获恐吓信息后，城市轨道交通员工应立即向其上级领导报告。控制指挥中心应立即向公安部门报告该恐吓事件，并通知受影响车站的值班站长、行车线上的列车司机及各紧急救援抢险部门。

②由公安部门确定恐吓信息的真实性，在车站进行不公开或公开的搜索行动，具体如下：

• 不公开搜索，无须疏散乘客，由城市轨道交通员工和公安人员联合进行。

• 若公安部门已掌握相关信息，或确实已发现可疑物品时，须在车站进行公开搜索。搜索前须局部或完全疏散乘客，并由公安人员单独执行搜索行动。车站员工停留在安全的范围内，为搜索人员提供协助。

③车站接到恐吓信息后，不公开搜索程序，搜索工作如下：

• 值班站长安排依次搜索所有公众范围及所有非公众范围，及时将最新进展通知值班经理。

• 公安人员前往有关车站，参与搜索行动，与值班站长保持密切联系，了解搜索工作的最新进展。

• 若发现可疑物品或有毒气体，值班站长应立即封锁现场，决定局部或完全疏散人员，并立即通知控制指挥中心。进行疏散前，必须先搜索所有疏散路线，确保疏散乘客的安全。员工发现可疑物品后，应立该向上级报告该物品的形态及准确位置，切勿触摸该物品，并留意周围形迹可疑的乘客，且不得在可疑物品 50 m 范围内使用手机、无线电对讲机等通信设备，设置警戒区域封锁物品的四周范围，疏散周围乘客。

• 若未发现可疑物品或有毒气体，值班站长应报告公安部门负责人，请示是否进行二次搜索。公安部门负责人向所有搜索人员咨询搜索情况，将搜索结果上报上级公安部门。

4. 爆炸事件的应急处理

①车站发生爆炸后，就近岗位站务人员（本书中站务人员指站厅值班员和站台值班员）应迅速准确查明爆炸发生的时间、地点、涉及列车的车次、人员伤亡情况，立即向行车值班员报告。

②行车值班员接到站务人员报告后，应立即向行车调度员、公安派出所报告，通知

各级领导。

③值班站长应立即到达现场，并在上级领导及公安人员未到达之前担任现场负责人，组织指挥现场处理工作。

• 指定专人保护现场，尽量搜集可疑人员、可疑物品等线索，挽留目击证人。

• 将事发地点周围的乘客疏导至安全地带。

• 若有人员伤亡时，将其转移至安全地带设置的候援区，及时通知急救中心，指派专人到指定出入口迎候救护车辆。

• 部署全体在岗人员对车站采取临时封闭措施，疏导站内其他区域的乘客迅速出站，指定专人看守出入口大门，阻止其他乘客进站，同时保证上级领导、公安及抢险人员快速进入车站。

• 利用各种广播设施做好宣传工作，稳定乘客情绪，引导站内其他区域的乘客迅速有序地疏散出站。

• 通知机电人员开启车站送、排风系统，加大通风量。

• 其他各车站接到疏散乘客、封闭车站的命令后，应迅速组织工作人员，按照城市轨道交通公司《突发事件应急处理办法》规定的乘客疏散工作预案，迅速组织乘客出站，疏散乘客任务完成后，关闭出入口，并将情况报告行车调度员。

• 待上级领导到达后，报告现场情况，移交指挥权。

5. 水灾的应急处理

当给水管道破裂、地下车站和隧道进水等危及运营的情况发生时，车站有关人员应按下列程序进行处置。

（1）任何员工一旦发现水灾发生，应立即报告值班站长以下情况：水灾发生的位置、流量，水源来自哪里，哪些设备可能会受到影响。

（2）值班站长向行车调度员报告：本站发生水淹事故，本站受到影响的区域、是否影响乘降及受影响设备的情况。

（3）值班站长携带防洪装备赶往事发位置，指挥站务人员和保洁人员前往水灾区域。

（4）值班站长到达现场后评估情况，向行车调度员汇报最新进展，视情况需要请求机电等部门人力支援。

（5）站务人员尝试用防洪板、沙包或其他填充物阻断水源，或抑制流量，在周边用提示牌和警戒线布置禁行区。

（6）行车值班员通过广播系统向乘客进行宣传解释。

（7）若水灾可能导致车站设备出现危险或影响运营时，视情况需要封闭车站部分区域乃至关闭整个车站。

6. 地震的应急处理

等级较强的地震会导致轨道交通车站邻近建筑物、车站建筑物的损毁及倒塌，轨道线路移位或严重扭曲，列车出轨，车站、列车的电力中断等事故，从而引起乘客的恐慌，以及难以控制的城市轨道交通人潮。为应对这些严重后果，车站工作人员应严格执行地震应急处理办法。

（1）地震发生后，值班站长立即向行车调度员汇报是否影响行车；是否有人员、设备、线路、车辆受损；是否需要召唤紧急服务（公安、急救、消防）。

（2）一旦确定发生四级以上强度的地震，值班站长必须安排车站员工开展以下应急工作。

①开启所有隧道灯。

②检查所有系统是否运作正常，特别是供电、通信、信号及环境控制系统运作状况。

③在确保自身安全的前提下，巡视车站建筑、设施，以及站外情况，发现有任何异常情况，立即通知控制指挥中心。

（3）值班站长接到车站巡视结果后，立即向控制指挥中心报告设备、结构损毁的情况。

（4）如果站台有列车停车，按照控制指挥中心指示立即对列车进行清客作业。

（5）查看是否有工作人员或乘客受伤。若发现有任何人员受伤，则立即展开救助工作。

（6）如发现建筑物损毁或阻塞，应立即封锁危险区域，安排人员驻守，制止他人接近。

（7）如地震强度较大，建筑物、设备设施损毁严重，则应立即执行车站紧急疏散程序。

地震发生后，列车司机应立即采取停车措施，设置好止轮器，防止溜车，并迅速掌握周围情况，组织乘客自救、互救。控制指挥中心行车调度员应立即通知电力调度全线接触轨停电，发布全线停运命令，采取一切手段了解人员、设备设施损坏情况，迅速上报控制指挥中心及城市轨道交通公司领导。

7. 恶劣天气的应急处理

大风、雨雪等恶劣天气发生时，一方面会对线路、道岔等设备及地面行车带来不利影响，另一方面会引起车站客流的增加，车站工作人员应按照恶劣天气应急处理办法及时采取疏导、限流等措施，消除各种隐患，确保乘客的乘车安全。

（1）风、沙尘天气的危害及应急处理办法。

当风力超过7级时可对车站运营造成影响，接到控制指挥中心发布的有关恶劣天气的信息后，车站须检查悬挂物，以免脱落物砸伤乘客及员工；指派专人对站台上的可移动物品进行加固；督促保洁人员清理车站卫生；露天段车站做好停运、客流疏散准备；如有其他异常情况立即上报控制指挥中心。

（2）雪天的危害及应急处理办法。

城市轨道交通运营线路出现大范围降雪时，钢轨冰冻会影响车辆的牵引制动，尖轨与基本轨无法紧密贴合，接触轨冰冻而无法与受流器接触造成机车无电，还会造成乘客摔伤等后果。值班站长应通知所有工作人员，通报恶劣天气的相关情况，做好雪天应急处置工作。

①站务人员在出入口、楼梯口铺设防滑垫和提示牌，同时组织人力及时清扫出入口积雪。

②值班站长通知保洁人员注意出入口、楼梯口等区域的卫生状况。

③站务人员在客流量较大的出入口疏导乘客进出站。

④行车值班员通过广播系统向进站乘客宣传安全、防滑的事项。

⑤行车值班员通过中央视频监控系统密切关注进出站的客流变化，并随时向值班站长汇报。

⑥值班站长要随时掌握运营现场和天气情况，并随时做好延长运营时间的准备工作。

⑦地面线路有道岔的车站，应做好道岔的清扫及融雪工作。

列车司机在运行中遇大雪、霜冻等恶劣天气时应及时向行车调度员报告，并采取相应措施。运行中要严格控制列车速度，制动时要适当延长制动距离，制动力要尽量小，防止滑行，确保对标停车。

(3) 雨天应急处理办法。

①如遇突降大雨，值班站长要立即组织有关人员到出入口等处查看降水情况。

②站务人员在各出入口铺设防滑垫，设立警示标志。

③地势较低的车站应立即放置防洪板、沙包，防止雨水灌入车站。若遇雨水较大，有可能发生倒灌事故时，应及时通知机电部门做好排水准备。

④值班站长通过环境与设备监控系统（building automatic system，BAS）查看雨水泵开启情况，如有异常立即报修。

⑤行车值班员通过广播系统向进站乘客宣传安全、防滑的事项。

⑥站务人员加强巡视，确保车站出入口、站厅、站台的客流秩序。关注出入口客流情况，向乘客发放一次性雨衣、伞套，疏导其快速出站，不要在出入口停留。

⑦值班站长要立即准备执行雨天设备故障、长时间无车等特殊情况下的应急预案，根据现场故障适当调配人员。做好限流的准备，并及时挂出提示牌，张贴通告。

⑧露天段车站应加强站台巡视，督促保洁员工做好地面清理工作。

组织安排

(1) 对学生进行分组，每个组再细分成乘客组、工作人员组和评判组。

(2) 各小组从教师准备的任务单和案例中抽取若干个任务和案例进行演练及分析。

(3) 由评判组对演练效果进行评价。

(4) 考核完成后填写实训报告，由指导老师和评判组根据项目评分标准进行评分。

实训步骤

(1) 先按照学生人数确定分组规模，并根据任务单和案例的需要准备好实训设备（如车票、对讲机等）。

（2）对分好组的学生进行任务分配。每个组再分成乘客组、工作人员组和评判组。

①乘客组。按照所学的知识内容，分别扮演各色乘客，由于在公共场所会出现各种各样的情况，因此，乘客类型力求多样全面，同时锻炼学生换位思考能力。

②工作人员组。针对以上乘客提出或出现的问题，提出解决问题的办法。

③评判组。负责对以上两组学生演练时出现的难以解决的问题进行调解处理，同时对以上双方的演练效果进行评价，锻炼学生分析问题、解决问题的能力。

（3）每做完一个实训，由评判组和教师进行评分。

（4）实训完毕后，由教师对实训效果进行点评和总结。

评价考核

考评方式：

（1）平时成绩＝实训项目完成情况＋过程性考核＋实训报告

（2）素质考评（20%）、综合项目（50%）、归纳总结（30%）

学习引导文

一、售票兑零

1. 亲切问候

!重要言行。

起身站立。

“早上好”“上午好”“下午好”“晚上好”。

“欢迎光临”。

“您好，请问有什么可以帮到您？”

“对不起，让您久等了”。

!乘客看见我……

点头致意。

穿着整洁的制服，时刻笑容可掬。

望着对方用心聆听，并点头表示清楚明白。

!我不会……

面无表情，一言不发。

在应对时避开对方的眼神。

!优秀服务一瞬间……

乘客对一定的乘客服务活动所作出的积极或消极的反应，很大程度上受他所看到的影响。因此，当乘客来到客服中心时，要笑迎他们，目光直接与乘客接触，向乘客说“你好！”。每日上岗之前先检查自己的形象。这是对乘客的尊重。

2. 标准操作

!重要言行。

尽量以双手接过乘客的钱款。

“收您××元”。

尽量以双手递出钱或票。

“找您××元，请您清点确认”或“为您充值××元，已经办理完毕，请确认核对”。

!乘客看见我……

检验大额钞票。

在 BOM 上操作处理。

请乘客在 BOM 显示屏上确认。

!我不会……

埋头操作。

将钱或票扔入窗口凹槽内。

在整个过程中一言不发。

3. 礼貌告别

!重要言行。

“再见，请慢走”。

“欢迎下次再来”。

!乘客会看见我……

点头致敬。

!我不会……

面无表情，目光游移。

二、礼貌劝阻

1. 劝阻制止

!重要言行。

“对不起/不好意思”。

“为了您本人和其他乘客的安全……”。

“根据城市轨道交通运营条例，城市轨道交通车站内是不可以……”。

“请您站起来，好吗?”

“麻烦您把行李/物件放在一边，好吗?”

“请您合作一下”。

有礼貌地提出劝谕。

悉心讲解乘客不合理行为所造成的影响。

提出合理而令人信服的理由。

以手掌指着有关标志。

友善地说明条例的有关规定。

礼貌地要求对方合作。

❗切忌。

讥讽、责骂乘客，令对方感到尴尬。

喝令或指责乘客。

2. 礼貌致谢

❗重要言行。

"多谢合作!"

对乘客所做出的善意回应致谢。

❗切忌。

一言不发。

3. 乘客服务处理技巧

（1）对乘客所带小孩是否超高、是否已购票存在疑问的处理。

乘客在非付费区尚未进站，可告诉乘客："城市轨道交通单程票和储值票都是实行一人一票制，请各位各自拿好自己的车票站在黄线外刷卡进入。"这样一来就可以不着痕迹地确定儿童是否已购票。

乘客在付费区尚未乘车，可以对乘客说："您的票好像没有刷上，到站后出不了闸机，请把几位的车票都拿出来查验一下，重刷一次。"这样同样也可以不着痕迹地确定儿童是否已购票。

（2）确定超高小孩未购票或确定小孩未购票但对身高不太确定是否超高的。

亲和、友善地请小朋友到1.2 m测高线处测量身高，若不足1.2 m，则向乘客表示歉意。若超过1.2 m，首先可向其父母表达对这个小朋友的赞赏，消除父母的逆反心理，让其心情愉悦，接下来在乘客不抵触的情形下委婉地表示按照城市轨道交通规定超高小朋友需要购买同等车资。

若乘客不愿购票或补票，可以恰当地使用"软中带硬"的语言策略，"若您进站时不购票在出站时就不能顺利出站，若被出站工作人员当作故意逃票进行十倍罚款就太不值得了"。

三、查看证件

1. 亲切称呼

❗重要言行。

起身站立。

"老先生""老太太""先生""您好"。

❗乘客看见我……

点头致意。

穿着整洁制服，时刻笑容可掬。

!我不会……

面无表情，一言不发。

在应对时避开对方的眼神。

2. 认真检查

!重要言行。

“请出示您的证件”。

双手接过证件。

双手递出证件。

“对不起，让您久等了”或“请收好您的证件”。

!乘客看见我……

认真检查证件是否有效。

以正常的表情观看证件。

!我不会……

随手接过。

随手递出。

3. 礼貌告别

!重要言行。

“再见，请慢走”。

“注意安全，请坐垂直电梯下站台”。

!乘客看见我……

适当时挥手。

点头致敬。

!我不会……

面无表情，一言不发。

四、问路咨询

1. 亲切问候

!重要言行。

“您好，请问有什么可以帮到您?”

“对不起，让您久等了”。

!乘客看见我……

望着对方用心聆听，并点头表示清楚明白。

!我不会……

面无表情，一言不发。

在应对时避开对方的眼神。

2. 耐心解答

❗重要言行。

“您可以往……，再往……”。

“请您留意车站的引导牌，根据指引就可以……”。

“您坐城市轨道交通到××站下车后，从××口出去”。

❗乘客看见我……

服务态度热诚。

做出耐心而详尽的指示。

以手掌指示方向。

尽量亲身带路。

❗我不会……

在对话期间，做其他事情或显得心不在焉。

在应对时逃避对方的眼神。

以“不知道!”应对乘客的询问。

提供含糊及不肯定的指示。

表现不耐烦。

3. 礼貌致谢

❗重要言行。

“不知道还有没有其他可以帮到您呢?”

“不用客气，这是我们应该做的”。

• 乘客看见我……

适当时挥手或握手。

“乐意为您效劳”。

• 我不会……

对乘客的答谢不作回应。

五、关心安抚

1. 慰问安抚

❗重要言行。

“请问您觉得哪里不舒服?”

“您先坐下休息一下，车站同事会立刻来帮您”。

携带药箱给乘客进行简单处理。

“您觉得好一些了吗? 如果您有其他需要可以随时提出”。

“需要请医生吗?”

• 乘客看见我……

亲切慰问及给予适当照顾。

安排乘客在安全的地方休息或等待进一步协助。

礼貌地请求其他乘客协助。

在旁边陪护和安抚。

经乘客同意，通知其家属或拨打 120。

❗我不会……

表现得漠不关心。

喝令其他乘客帮忙。

不再理睬乘客。

2. 礼貌回答

❗重要言行。

“不用客气，这是我们应该做的”。

“请您慢走”。

❗乘客看见我……

微笑致意。

适当时挥手或握手。

❗我不会……

对乘客的答谢不作回应。

六、乘客事务处理技巧

（1）发生口头纠纷，没有发生冲突时的处理。

①站务员。离纠纷乘客最近的站务员马上上前劝架，如一人劝不开，最好两个人把吵架的乘客分别带到人少的地方，劝谕他们冷静下来：“不要把事情闹大，对双方都没有好处。”如果吵架的原因是因为购票、兑零等原因，车站优先解决争执的问题。如有其他乘客围观，还要劝他们不要围观，维持好车站正常秩序。如实在劝不了，通知值班站长。

②值班站长。接到现场站务员通知后，可与车站护卫队人员一起到现场劝谕当事人：“如继续下去，一切后果自负。”劝开围观乘客，维持车站正常秩序。如事态有进一步扩大的可能，通知公安到场处理。

（2）发生打架时的处理。

①站务员。离现场最近的站务员到现场，报告站控室，与车站护卫队人员一起把打架的乘客（双方）劝开，尽快使他们冷静下来，并告诉当事人继续下去产生的后果，劝开围观的其他乘客。

②客运值班员。接到通知，即到现场与站务员、公安人员、护卫员一起制止打架的双方，如没有伤亡，把他们叫到警务站说服教育，由公安处理。如果有人受伤，立即通知值班站长，并在乘客中找目击证人，留下证明资料等。如引起其他乘客围观，要劝开他们，维持好行车和车站的正常秩序。

③值班站长。接值班员的报告后，与警务站人员一起到现场，了解伤者的伤势，必要时将伤者送往医院，把肇事者交警务人员处理。劝开其他围观的乘客，维持好行车和车站的正常秩序。

（3）乘客被城市轨道交通设施砸伤、碰伤时的处理。

及时对乘客的伤势进行简单处理，在认真听取乘客反映情况的同时，分析判明责任，如属乘客自己的原因造成的，要对乘客的伤势给予同情，在需要时可陪同乘客就医；如属城市轨道交通原因造成的，首先要对乘客表达歉意并进行安慰，必要时陪同其就医，并及时向有关部门汇报。

七、乘客急救应急处理

在任何生产活动过程中，都可能会发生一些人身伤害事故，城市轨道交通系统也不例外，发生事故后对伤者的现场急救是非常关键的。正确及时的现场急救，不仅可以减轻伤者的痛苦，降低事故的严重程度，而且可以争取抢救时间，挽救人的生命。

1. 机械伤害事故应急处理

（1）城市轨道交通企业工作人员在发现乘客有机械伤害事故时，首先不要惊慌，应保持冷静，迅速对受伤者进行检查。应先检查受伤人员的神志、呼吸，接着摸脉搏，听心跳，再查瞳孔，有条件时测血压，检查有无创伤、出血，必要时采取包扎、固定等临时应急措施。

（2）工作人员迅速拨打急救电话，向医疗救护单位求援。我国通用医疗急救电话是120，拨打急救电话时，应注意以下几点。

①在电话中应向“120”话务人员讲清伤员受伤的确切地点、联系方法（如电话号码）。

②简要说明伤员的受伤情况、症状等，并询问清楚在救护车到来之前，应该做些什么。

③派人到路口迎候救护人员。

（3）在救护人员到来之前，工作人员可以适当采取一些急救措施，如伤口包扎、让伤者保持平卧姿势等。同时对伤者进行心理安慰，让伤者保持镇静，以消除伤者的恐惧。

2. 中暑急救应急处理

中暑是指在高温条件下，机体发生体能调节功能障碍，水电解质平衡失调，以心血管和中枢神经系统功能紊乱等为主要症状的一组综合征。中暑分为先兆中暑、轻症中暑和重症中暑三级。

（1）对于先兆中暑、轻症中暑的患者，应迅速脱离高温环境，转移至阴凉通风处休息或平卧，给予口服凉盐水、各种含盐的清凉饮料、人丹、藿香正气水，涂擦清凉油，捏合谷穴、风池穴、太阳穴等穴位。

（2）对于重症中暑的患者，除积极采取以上措施外，还应采取以下的急救措施。

①将患者移至空调室内。

②用凉水淋浴，用冰水或酒精擦浴，亦可在头部、腋窝、腹沟等处放置冰袋。

③保持呼吸道畅通，改善缺氧情况。

任务单（售票 1）

任务：售票 1

<table>
<tr><td>实训名称</td><td colspan="2">售票</td><td>组别</td><td></td></tr>
<tr><td>班级</td><td colspan="2"></td><td>学生姓名</td><td></td></tr>
<tr><td>学习领域</td><td colspan="4">车站日常工作处理</td></tr>
<tr><td>学习情景</td><td colspan="4">进行车站售票服务工作</td></tr>
<tr><td colspan="5">任务内容</td></tr>
<tr><td>情境</td><td colspan="4">地点：城市轨道交通车站
人物：售票员、购票乘客
场景：售票窗口日常售票</td></tr>
<tr><td>演练</td><td colspan="4">售票员：“早上好，欢迎光临。”
乘客：“临河街”（递进窗口 5 元钱）。
售票员：（双手接过乘客的钱）“收您 5 元。”
售票员：充值单程票 3 元钱。
售票员：（尽量以双手递出钱或票）“找您 2 元，请您清点确认。”
乘客会看见售票员在 BOM 上操作处理，售票员请乘客在 BOM 显示屏上确认。
乘客：接过票卡。
售票员：“再见，请慢走。”
乘客：点头致意</td></tr>
<tr><td colspan="5">完成本次任务后，归纳总结你应掌握的服务技巧：</td></tr>
</table>

项目	得分
完成本次任务后，你对自己的评分（满分 10 分）	
各小组互评（满分 10 分）	
组内评分（满分 40 分） （1）参与小组讨论情况 （2）服务过程是否符合标准规范 （3）设备操作、功能、原理掌握情况 （4）任务完成情况 （5）归纳总结情况	
教师评分（满分 40 分） （1）出勤 （2）安全 （3）纪律 （4）职业素养 （5）任务完成情况 （6）归纳总结情况	
总分	

任务单（补票）

任务：补票

实训名称	补票	组别	
班级		学生姓名	
学习领域	车站日常工作处理		
任务描述	为乘客进行车站补票服务		
任务内容			
情境	地点：城市轨道交通车站 人物：售票员、站厅值班员、补票乘客 场景：某日，一名乘客无法出闸，态度焦躁		
演练	乘客：“怎么回事？我投了票，可是我出不去。” 站厅值班员：“别着急，让我帮你看看吧。” 站厅值班员：“这张票已失效，请到客服中心办理，请您跟我来。” 售票员：“让您久等了，票价不足，您需补 1 元。”		
完成本次任务后，归纳总结你应掌握的服务技巧：			

项目	得分
完成本次任务后，你对自己的评分（满分 10 分）	
各小组互评（满分 10 分）	
组内评分（满分 40 分） （1）参与小组讨论情况 （2）服务过程是否符合标准规范 （3）设备操作、功能、原理掌握情况 （4）任务完成情况 （5）归纳总结情况	
教师评分（满分 40 分） （1）出勤 （2）安全 （3）纪律 （4）职业素养 （5）任务完成情况 （6）归纳总结情况	
总分	

案例分析（售票）

案例：

某日下午，乘客李小姐到车站票亭充值。由于出站人多，售票员先忙着处理付费区的乘客，处理完付费区的乘客事务后，发现李小姐已经把钱和卡放进了凹槽，由于凹槽比较深，售票员不能看清凹槽里乘客丢了多少钱，就问一句："干嘛的?"乘客回答："还能干嘛?"售票员随口就回："你怎么这样?"引发乘客投诉。

案例分析：

这个案例属于典型的员工与乘客之间缺少沟通，而根本原因在于没有按标准操作。大家可以讨论一下售票员有几处应该改进的地方。

任务单（礼貌劝阻）

任务：礼貌劝阻

<table>
<tr><td>实训名称</td><td>礼貌劝阻</td><td>组别</td><td></td></tr>
<tr><td>班级</td><td></td><td>学生姓名</td><td></td></tr>
<tr><td>学习领域</td><td colspan="3">车站日常工作处理</td></tr>
<tr><td>任务描述</td><td colspan="3">对乘客的不规范行为进行礼貌劝阻</td></tr>
<tr><td colspan="4">任务内容</td></tr>
<tr><td>情境</td><td colspan="3">地点：城市轨道交通车站
人物：站厅值班员、乘客
场景：一名乘客抱着一大纸盒进站</td></tr>
<tr><td>演练</td><td colspan="3">站厅值班员：对不起，先生，请问纸盒内是什么物品?
乘客：哦，电脑显示器。
站厅值班员：先生您好，为了您和其他人的安全，按规定我们不能让您进站。
乘客：为什么不可以?新买的显示器能有什么危险?
站厅值班员：国家法规规定城市轨道交通车站禁止携带超长、笨重物品，电脑显示器属于此类物品。谢谢你的合作。
乘客：那我怎么办哪，这不是难为人吗。
站厅值班员：你可以改乘其他的交通工具，给你带来的不便，我们深感歉意。
乘客：哼!
站厅值班员：给您添麻烦了，非常抱歉，谢谢您。</td></tr>
</table>

续表

<table>
<tr><td colspan="2">完成本次任务后，归纳总结你应掌握的服务技巧：</td></tr>
<tr><td>项目</td><td>得分</td></tr>
<tr><td>完成本次任务后，你对自己的评分（满分 10 分）</td><td></td></tr>
<tr><td>各小组互评（满分 10 分）</td><td></td></tr>
<tr><td>组内评分（满分 40 分）
（1）参与小组讨论情况
（2）服务过程是否符合标准规范
（3）设备操作、功能、原理掌握情况
（4）任务完成情况
（5）归纳总结情况</td><td></td></tr>
<tr><td>教师评分（满分 40 分）
（1）出勤
（2）安全
（3）纪律
（4）职业素养
（5）任务完成情况
（6）归纳总结情况</td><td></td></tr>
<tr><td>总分</td><td></td></tr>
</table>

案例分析（礼貌劝阻）

案例：

某日，一位妈妈带着孩子在站台上候车，孩子刚喝完饮料，妈妈随手将饮料瓶扔到了地上，给孩子擦完嘴之后，又随手把纸巾扔到地上，站务员上前制止，要求其捡起东西放回垃圾桶里时，嘀咕道：“真没素质，孩子还在身边呢，以后怎么教育孩子。”乘客不乐意，和站务员争吵起来……

事件分析：

站务员制止乘客乱扔东西的行为值得肯定。

站务员在制止乘客时带有主观情绪，对乘客犯错进行直接指责，态度不好，得理不饶人，让乘客觉得难堪。

处理小贴士：

在发现乘客有违规行为时，要特别注意服务态度，使用礼貌用语。

我们要以宽容的心对待乘客的错误，耐心地对乘客进行解释教育和提醒，给乘客一个承认错误、改正错误的台阶。

任务单（售票2）

任务：售票2

<table>
<tr><td>实训名称</td><td>售票</td><td>组别</td><td></td></tr>
<tr><td>班级</td><td></td><td>学生姓名</td><td></td></tr>
<tr><td>学习领域</td><td colspan="3">车站日常工作处理</td></tr>
<tr><td>任务描述</td><td colspan="3">进行车站售票服务工作</td></tr>
<tr><td colspan="4">任务内容</td></tr>
<tr><td>情境</td><td colspan="3">地点：城市轨道交通车站
人物：甲——售票员（可由多人串演）
乙——乘客（可由多人串演）
场景：台上一售票台，票窗上写有到达站名。后壁挂“文明车站”匾、里程价目表。</td></tr>
<tr><td>演练</td><td colspan="3">乙：（农村妇女打扮，带大量行包上，叫售票员，未听见）（山东口音）“这地方是售票厅，还是舞厅啊？喂！喂！买票！（敲窗户）。”
甲：“喂喂喂，不要敲，敲坏了，你赔不起。”
此处应使用的语言：
乙：“俺家里有急事，能不能快一点？”
甲：“要快呀，最好去打车。”
此处应使用的语言：
乙：“请问打车在哪打，多少钱？”
甲：“出了站台就可以打，多少钱得看你去哪了。”
乙：“你跟俺开什么玩笑？俺买一张去临河街的车票。”
甲：“临河街的车票，三块钱一张。”
乙：“不对呀，俺上个月来买票是两块钱。这个月怎么涨价了。”
甲：“别找话讲，你当我们是卖鲜活物品的小摊小贩呀，见风涨价？我们是计程收费。”
此处应使用的语言：
乙：“计程是什么意思。”
甲：“计程是热胀冷缩，夏天天热，里程就长了。”</td></tr>
</table>

续表

<table>
<tr><td>演练</td><td>此处应使用的语言：
乙："长也不会长这么多啊！"
甲："你这位同志是运输管理局的还是物价局的？来核里程还是来买票的？花钱不多，事情还管得不少。"
此处应使用的语言：
乙："你讲话怎么这么凶，不能讲得好听一点吗？"
甲："我们售票员天生的粗喉咙大嗓门！"
乙："（交钱、拿票、取下意见簿）我要给你们提几条意见。"
甲："写吧，写吧！反正检查组一来我就把这一本换下来，把专写表扬意见的那本挂上去，随你怎么写都是白费劲。"
此处应使用的语言：</td></tr>
<tr><td colspan="2">完成本次任务后，归纳总结你应掌握的服务技巧：</td></tr>
</table>

项目	得分
完成本次任务后，你对自己的评分（满分 10 分）	
各小组互评（满分 10 分）	
组内评分（满分 40 分） （1）参与小组讨论情况 （2）服务过程是否符合标准规范 （3）设备操作、功能、原理掌握情况 （4）任务完成情况 （5）实训报告填写是否完整、清晰 （6）使用语言是否妥当 （7）归纳总结情况	
教师评分（满分 40 分） （1）出勤 （2）安全 （3）纪律 （4）职业素养 （5）任务完成情况 （6）归纳总结情况	
总分	

案例分析（售票兑零与长短款）

案例：

某日，乘客张先生持100元现金在车站客服中心兑换硬币，售票员小刘给乘客换了9张10元的纸币及10元硬币。乘客要求换成50元的纸币，售票员未同意。之后，值班站长到客服中心，了解情况后为乘客换了一张50元的纸币。但乘客觉得车站服务不到位，进行了投诉。

案例分析：

其实这是一件细小的事情，但通过此事件，使我们再一次深刻地明白了“把方便留给乘客，把困难留给自己”的服务意识。

案例：

某日下午，乘客刘小姐在车站持有车票无法出站，随即将车票交给售票员分析，售票员分析后告知乘客需补交一元，乘客意见很大，并反映其是在另外一个车站用纸币购买的3元预制票（但BOM分析为2元），于是售票员向乘客解释，并立即报站控室，与乘客所说的车站取得联系，落实情况。但乘客由于赶时间，补交一元票款后就离开了。后来刘小姐购票所在车站进行封窗查账，发现确实长款一元，最后车站站长及时向乘客表示了歉意，并由售票员退还了一元现金给刘小姐本人。乘客刘小姐对车站的后续处理过程表示满意。

案例分析：

虽然乘客上车的车站售票员没有按工作标准执行工作，但由于乘客下车的车站处理及时，有效地防止了事情的进一步扩大。

（1）售票员发售预制票过程中没有执行唱票程序，导致错卖预制票，是导致乘客不满的主要原因。

（2）收到乘客反映预制票价不符的情况时，乘客下车的车站遵循了“现场”原则和“满意”原则，及时安抚乘客，联系售卖车站及时调查，给乘客满意的回复。

（3）车站事后的补救措施做得比较及时，有效地防止事情的进一步扩大。

任务单（礼貌劝阻）

任务：礼貌劝阻

实训名称	礼貌劝阻	组别	
班级		学生姓名	
学习领域	车站日常工作处理		
任务描述	对携带城市轨道交通违禁品进站的乘客，进行礼貌劝阻		
任务内容			

续表

情境 1	地点：城市轨道交通车站 人物：站台值班员、值班站长、男乘客、小孩 场景：某日上午，一名男乘客带着一名拿着气球的小孩走进某城市轨道交通车站。
演练	站厅值班员发现小孩手上拿着气球，于是主动上前对乘客说："先生，您好！为了您和他人的安全，请不要带气球进站！" 男乘客有点不满地说："为什么不可以，气球能妨碍你什么事？你这不是难为人吗，没事干了吗？" 站厅值班员："根据管理条例，气球是易爆品。如果携带进站，可能会危及其他乘客的安全。"（耐心为乘客做解释） 男乘客："乘车是我的权利，你无权阻止我上车。" 站厅值班员使用对讲机："站长，站长，站台发生了一点情况，请您到站台来一趟。"（站厅值班员没有办法，只有通知值班站长处理） 值班站长马上赶到站厅，在了解情况后，对乘客说："对不起，先生！为了您和他人的安全，按规定我们确实不能让您进站乘车！"。 乘客听后更加不满地说："这是哪门子的规定，这种规定不合理，没有充分为乘客着想，人民出这么多的钱建城市轨道交通，却没有真正享受城市轨道交通带来的方便。" 值班站长耐心地向其解释："气球是易爆品，如果携带进站，可能会危及其他乘客的安全，要不把气球的气给放了再带进站乘车好吗？" 乘客："不行。" 值班站长："请理解我们工作的难处。"最后在耐心的解释下，乘客终于同意将气球放气后进站乘车。
情境 2	地点：城市轨道交通车站 人物：站台值班员、乘客 场景：一名乘客在等待区越过黄线。
演练	站台值班员："乘客请注意，为了您的安全，请在黄色安全线内耐心等候列车，谢谢合作。"
情境 3	地点：城市轨道交通车站 人物：站台值班员、乘客 场景：一名乘客插队购票。
演练	站台值班员发现情况，用有礼貌而又坚定的语气提醒他："麻烦您先排队，我们会尽快为您办理。" 乘客："我就在这儿排着呢。" 站台值班员："请您遵守公共秩序，到队伍后面排队，并帮助我们维持一下后面队伍的秩序，非常感谢。"

续表

完成本次任务后，归纳总结你应掌握的服务技巧：	
项目	得分
完成本次任务后，你对自己的评分（满分 10 分）	
各小组互评（满分 10 分）	
组内评分（满分 40 分） （1）参与小组讨论情况 （2）服务过程是否符合标准规范 （3）设备操作、功能、原理掌握情况 （4）任务完成情况 （5）归纳总结情况	
教师评分（满分 40 分） （1）出勤 （2）安全 （3）纪律 （4）职业素养 （5）任务完成情况 （6）归纳总结情况	
总分	

案例分析（礼貌劝阻）

案例：

站台工作人员发现一乘客带小孩进站，只买了一张票，由于小孩看上去已经超过规定高度，遂要求小朋友购票，乘客表示小孩年龄小，只是长得高，反对购票，引来部分乘客围观。

值班站长赶到现场，此时有部分乘客围观。值班站长对乘客说："请到这边来，好吗?"将乘客带到僻静处。值班站长询问乘客过程，然后，值班站长对乘客解释："我很了解您的感受，现在的小孩长得快，那么小就要购票了，不过按照规定超过 1.2 米的儿童是要购票的。""这个规定根本就不合理!""这是城市轨道交通管理条例规定的，请您配合。"乘客无奈，补票离开。

案例分析：

我们与乘客之间首先要建立互信的原则，在没有掌握足够的证据之前，不要轻易下结论或判断，在言语上要尽量避免表露出对乘客的怀疑。在想了解乘客是否持票时，不宜采取直接过问的方式，可以根据乘客所处的位置灵活采用其他方式不露痕迹的进行判断。

当遇到以上类型的乘客服务事件时，可以从以下几方面来把握服务技巧。

（1）态度强硬、比较固执的乘客总是有的，作为服务人员，应该有足够的耐性。

（2）当我们为乘客考虑了处理问题的解决方案时，我们也可以让乘客了解到他的做法使我们很难处理，但是不能埋怨乘客，而是共同商讨最佳解决方案，结果令双方满意。

（3）处理为难的事件，为使你的方案更容易让乘客接受，可以先指出乘客的做法是不恰当的，降低乘客的期望值，然后提出处理问题的建议，如果乘客不接受，再共同讨论其他方法，最终找出令双方均满意的处理方案。

任务单（查看证件）

任务：查看证件

<table>
<tr><td colspan="2">实训名称</td><td>查看证件</td><td>组别</td><td></td></tr>
<tr><td colspan="2">班级</td><td></td><td>学生姓名</td><td></td></tr>
<tr><td colspan="2">学习领域</td><td colspan="3">车站日常工作处理</td></tr>
<tr><td colspan="2">任务描述</td><td colspan="3">查看可免费乘坐城市轨道交通的乘客的证件</td></tr>
<tr><td colspan="5">任务内容</td></tr>
<tr><td>情境</td><td colspan="4">地点：城市轨道交通车站
人物：站台值班员、老年乘客
场景：城市轨道交通车站，老年乘客持老年证免票进入城市轨道交通乘车。</td></tr>
<tr><td>演练</td><td colspan="4">站台值班员（起身站立，点头致意，穿着整洁制服，时刻笑容可掬）：“老先生，您好。”
老年乘客：“你好。”
站台值班员：“请出示您的证件。”（双手接过证件）
老年乘客递过证件。
站台值班员认真检查。
站台值班员：“对不起，让您久等了。”（双手递出证件）</td></tr>
<tr><td colspan="5">完成本次任务后，归纳总结你应掌握的服务技巧：</td></tr>
</table>

续表

项目	得分
完成本次任务后，你对自己的评分（满分 10 分）	
各小组互评（满分 10 分）	
组内评分（满分 40 分） （1）参与小组讨论情况 （2）服务过程是否符合标准规范 （3）服务态度是否热忱 （4）任务完成情况 （5）归纳总结情况	
教师评分（满分 40 分） （1）出勤 （2）安全 （3）纪律 （4）职业素养 （5）任务完成情况 （6）归纳总结情况	
总分	

案例分析（查看证件）

案例：

某日，一乘客持军人残疾证要求从边门进站，保安请乘客出示证件，乘客自己拿证件翻了一下，因证件章印不清楚，保安要求递过来检查，乘客不同意，并说："损坏了怎么办"，保安说明只是看一下，不会损坏。乘客就是不递给保安查看，并强行开门进站，保安只得让开一点位置，不敢阻止，同时被边门框碰了一下，对乘客说了一句"你好厉害啊"。乘客揪着保安的上衣说"我要投诉你"，引发纠纷。

对不配合检查的乘客应该及时通知值班站长到场，并应坚持不放行。

案例分析：

本案例属于典型的蛮横乘客的对待问题。对待蛮横乘客，在有礼有节的同时，又要讲究技巧，避免事件扩大化，这是城市轨道交通员工在工作中需要不断积累经验的。

案例：

乘客于小姐和其父母一起乘坐城市轨道交通，在 B 站边门出站时，工作人员查验两位老人未带证件，要求乘客补票。乘客反映从 A 站边门进站时车站没有要求查验证件，

而且两位老人是第一次到该城市，不知道要出示证件。最终于小姐补了两张票，但投诉到城市轨道交通热线。

案例分析：

边门查验要执行“严进宽出”的政策，碰到类似事件应与相关车站做好沟通，如确实属于我们未认真查验证件造成的，应尽量大事化小。

任务单（处理投诉）

任务：处理投诉

<table>
<tr><td>实训名称</td><td colspan="2">处理投诉</td><td>组别</td><td></td></tr>
<tr><td>班级</td><td colspan="2"></td><td>学生姓名</td><td></td></tr>
<tr><td>学习领域</td><td colspan="4">车站日常工作处理</td></tr>
<tr><td>任务描述</td><td colspan="4">处理乘客的意见投诉</td></tr>
<tr><td>情境</td><td colspan="4">地点：城市轨道交通车站
人物：站台值班员、乘客
场景：城市轨道交通车站，乘客久等而列车不到。</td></tr>
<tr><td>演练</td><td colspan="4">乘客：“出什么事了？为什么列车还没有到。”
站台值班员：“抱歉让您久等，列车可能出现故障。请耐心等候！如果您有急事，可以转乘其他交通工具。”
乘客：“我的票怎么办？”
站台值班员：“我们可以为您办理退票手续。”</td></tr>
<tr><td colspan="5">完成本次任务后，归纳总结你应掌握的服务技巧：</td></tr>
<tr><td colspan="4">项目</td><td>得分</td></tr>
<tr><td colspan="4">完成本次任务后，你对自己的评分（满分 10 分）</td><td></td></tr>
<tr><td colspan="4">各小组互评（满分 10 分）</td><td></td></tr>
<tr><td colspan="4">组内评分（满分 40 分）
（1）参与小组讨论情况
（2）服务过程是否符合标准规范
（3）服务态度是否热忱
（4）任务完成情况
（5）归纳总结情况</td><td></td></tr>
</table>

续表

教师评分（满分 40 分） （1）出勤 （2）安全 （3）纪律 （4）职业素养 （5）任务完成情况 （6）归纳总结情况	
总分	

案例分析（处理投诉）

案例：

乘客张先生在下楼梯前往站台乘车时，由于楼梯层数较多，且自身疏忽，导致跌倒。

张先生顿时大发雷霆，大声叫骂，引来其他乘客围观。站台值班员赶到后，张先生大声斥责站台值班员，将怒气发泄到站台值班员身上，将原因归结为车站设施的问题，并要求车站赔偿损失。站台值班员对张先生投之以关切的目光，并将张先生扶起，在向张先生道歉的同时，嘱咐其注意安全，终于平息了张先生的怒气。

案例分析：

站台值班员在被乘客斥责后，调整好心态，关心乘客的安全，用自己的言行感化乘客，从乘客的角度思考问题，化解乘客的怒气。

任务单（问路咨询）

任务：问路咨询

实训名称	问路咨询	组别	
班级		学生姓名	
学习领域	车站日常工作处理		
任务描述	站台上乘客询问站务人员		
任务内容			
情境 1	地点：城市轨道交通车站 人物：站台值班员、乘客 场景：城市轨道交通车站，一名乘客咨询站台值班员如何乘车		

续表

<table>
<tr><td>演练</td><td colspan="2">站台值班员：（点头致意，穿着整洁制服，时刻笑容可掬）“您好，请问有什么可以帮到您？”
乘客：“请问，去东大桥怎么走？”
站台值班员：“您可以乘坐轻轨 3 号线，在临河街站换乘轻轨 4 号线在东大桥站下车。请您留意车站的引导牌，根据指引就可以到达。”
乘客：“好，谢谢。”
站台值班员：“不用客气，这是我们应该做的，乐意为您效劳。”</td></tr>
<tr><td>情境 2</td><td colspan="2">场景：城市轨道交通车站，一名乘客咨询站台值班员如何转乘其他交通工具。</td></tr>
<tr><td>演练</td><td colspan="2">站台值班员：（点头致意，穿着整洁制服，时刻笑容可掬）“您好，请问有什么可以帮到您？”
乘客：“能告诉我怎么换公交车去欧亚卖场吗？”
站台值班员：“可以，请在 B 出站口出站，转乘 25 路公交车，在欧亚卖场下车。”
乘客：“谢谢。”
站台值班员：“不用客气，这是我们应该做的，乐意为您效劳。”</td></tr>
<tr><td colspan="3">完成本次任务后，归纳总结你应掌握的服务技巧：</td></tr>
<tr><td colspan="2">项目</td><td>得分</td></tr>
<tr><td colspan="2">完成本次任务后，你对自己的评分（满分 10 分）</td><td></td></tr>
<tr><td colspan="2">各小组互评（满分 10 分）</td><td></td></tr>
<tr><td colspan="2">组内评分（满分 40 分）
（1）参与小组讨论情况
（2）服务过程是否符合标准规范
（3）服务态度是否热忱
（4）任务完成情况
（5）归纳总结情况</td><td></td></tr>
<tr><td colspan="2">教师评价（满分 40 分）
（1）出勤
（2）安全
（3）纪律
（4）职业素养
（5）任务完成情况
（6）归纳总结情况</td><td></td></tr>
<tr><td colspan="2">总分</td><td></td></tr>
</table>

案例分析（问路咨询）

案例：

某日，一老人在某车站出站时找不到免费通道，询问售票员从哪里出站，共问了三次，但售票员正为非付费区乘客充值没有听见，旁边乘客方先生见售票员未搭理老人的询问，便敲击玻璃大声说“你听到没有”。售票员受到惊吓后对该乘客说了句“你有病”，并用对讲机请求值班站长安排人员顶岗，说有乘客恐吓她，要求公安协助。随后当班保安拦住乘客不让其离开。值班站长接报立即到现场处理。事件被方先生发布到网络上，造成恶劣影响。

案例分析：

优先为弱势群体尤其是老人服务是城市轨道交通工作人员的职责；乘客至上，不小题大做是城市轨道交通服务人员理性的选择。

任务单（关心安抚）

任务：关心安抚

<table>
<tr><td colspan="2">实训名称</td><td>关心安抚</td><td>组别</td><td></td></tr>
<tr><td colspan="2">班级</td><td></td><td>学生姓名</td><td></td></tr>
<tr><td colspan="2">学习领域</td><td colspan="3">车站日常工作处理</td></tr>
<tr><td colspan="2">任务描述</td><td colspan="3">关心安抚受伤乘客</td></tr>
<tr><td colspan="5">任务内容</td></tr>
<tr><td>情境 1</td><td colspan="4">地点：城市轨道交通车站
人物：站台值班员、乘客
场景：城市轨道交通车站，站台值班员发现有一乘客摔倒受伤</td></tr>
<tr><td>演练</td><td colspan="4">站台值班员：“请问您觉得哪里不舒服？”
乘客：“我的膝盖磕破了。”
站台值班员：“您先坐下休息一下，车站同事会立刻来帮您。”
站台值班员携带药箱给乘客进行简单处理。
站台值班员：“您觉得好一些了吗？如果您有其他需要可以随时提出。”
乘客：“没事，谢谢。”
站台值班员：“不用客气，这是我们应该做的。”</td></tr>
<tr><td>情境 2</td><td colspan="4">场景：城市轨道交通车站，有一名乘客胃疼</td></tr>
<tr><td>演练</td><td colspan="4">乘客：“你好，我的胃疼得很厉害。”
站台值班员：“我来拨打急救中心的电话，我扶您坐下来休息一下。”
乘客：“谢谢。”</td></tr>
</table>

续表

<table>
<tr><td colspan="2">完成本次任务后，归纳总结你应掌握的服务技巧：</td></tr>
<tr><td>项目</td><td>得分</td></tr>
<tr><td>完成本次任务后，你对自己的评分（满分 10 分）</td><td></td></tr>
<tr><td>各小组互评（满分 10 分）</td><td></td></tr>
<tr><td>组内评分（满分 40 分）
（1）参与小组讨论情况
（2）服务过程是否符合标准规范
（3）服务态度是否热忱
（4）任务完成情况
（5）归纳总结情况</td><td></td></tr>
<tr><td>教师评分（满分 40 分）
（1）出勤
（2）安全
（3）纪律
（4）职业素养
（5）任务完成情况
（6）归纳总结情况</td><td></td></tr>
<tr><td>总分</td><td></td></tr>
</table>

案例分析（关心安抚）

案例：

某日，周小姐和其 70 多岁的老母亲在某城市轨道交通车站乘坐手扶电梯时，母亲突然摔下来，周小姐向旁边的保安请求提供帮助。保安反应冷淡，语气也不关切。后来虽然值班站长赶到现场，并护送伤者到出入口上 120 救护车。乘客仍表示强烈不满，提出投诉。

案例分析：

你的冷漠会导致严重后果，“热情服务，让乘客满意”是我们的宗旨。

案例：

2010 年 2 月，有一名乘客认为大概半小时以前售票员少找给他五十元钱，售票员在听取情况后，个人认为不会少找钱给乘客，所以给予否认，乘客很激动，开始指责售票员的不是，并要求找值班站长投诉……

案例分析：

（1）售票员在售票过程中，没有严格按照售票作业程序进行售票，导致少找钱给乘客，是和乘客发生纠纷的主要原因。

（2）当乘客回来说少找钱的时候，售票员没有认真做好乘客的安抚工作，而是一口咬定自己没有少找钱，导致乘客情绪激动。

售票员的服务技巧如下。

（1）票务员应该严格按照标准售票作业程序进行售票，并提醒乘客当面点清票款。

（2）当乘客认为票款不符时，应耐心地向乘客解释："对不起，我们的票款是当面点清的，请您再确认一下，您的票款是否正确，多谢。"

（3）如果乘客坚持认为少找钱，需要上报站控室，请求查账，最终确定乘客的反映是否属实。

（4）如果属实，则需要向乘客道歉，并退还少找的钱款。如果不属实，应该耐心地向乘客解释，做好安抚工作："对不起，经我们查实，我们的票款没有差错，请您谅解。"如果乘客为难工作人员，可以请求公安人员的配合。

任务单（站台值班员巡视的"四到"）

任务：站台值班员巡视的"四到"

<table>
<tr><td colspan="2">实训名称</td><td>站台值班员巡视的"四到"</td><td>组别</td><td></td></tr>
<tr><td colspan="2">班级</td><td></td><td>学生姓名</td><td></td></tr>
<tr><td colspan="2">学习领域</td><td colspan="3">站台岗服务</td></tr>
<tr><td colspan="2">任务描述</td><td colspan="3">城市轨道交通站台巡视工作须注意的"四到"</td></tr>
<tr><td colspan="5">任务内容</td></tr>
<tr><td>情境</td><td colspan="4">地点：城市轨道交通车站
人物：站台值班员、乘客
场景：城市轨道交通站台的巡视工作</td></tr>
<tr><td>演练</td><td colspan="4">站台值班员在巡视工作中要注意"四到"。
心到：精神高度集中，随时应变异常。
话到：将站在黄线边缘的乘客劝至规范位置。
眼到：三步一回头，密切关注乘客情况及列车状态。
手到：遇到路面有水，及时设置"小心地滑"牌</td></tr>
<tr><td colspan="5">完成本次任务后，归纳总结你应掌握的服务技巧：</td></tr>
</table>

续表

项目	得分
完成本次任务后，你对自己的评分（满分10分）	
各小组互评（满分10分）	
组内评分（满分40分） （1）参与小组讨论情况 （2）服务过程是否符合标准规范 （3）语言是否流畅，动作是否熟练 （4）任务完成情况 （5）归纳总结情况	
教师评分（满分40分） （1）出勤 （2）安全 （3）纪律 （4）职业素养 （5）任务完成情况 （6）归纳总结情况	
总分	

案例分析（站台值班员巡视的“四到”）

案例：

某日，一位老伯搭乘自动扶梯准备上车，刚走到车门口，就“扑通”一声栽倒在地，不省人事。当时乘客比较多，人来人往，情况相当危急，站长、值班站长等人接报后立即赶到现场，一边对该老伯进行紧急救治，一边用担架将其抬到出口处等待“120”急救车，并在事发现场取证。随后将老人送往医院检查，车站人员在医院带老人照CT、检查伤势，还为老人购买了午餐，经车站及部门相关负责人的悉心陪护，老人精神逐渐恢复，车站人员将受伤经过与老人再次核对确认（录音），老人表示其摔倒并非城市轨道交通原因所致，而城市轨道交通工作人员仍然热心帮助及无微不至的照顾他，为此老人深表感谢。

案例分析：

分析上述乘客受伤案例，有以下几点需要注意。

（1）加强对特殊人群的关注。对老人、残障、携大件行李人士等尽量从进站到上车或者从下车到出站提供协助，避免意外发生。

（2）车站员工在遇有乘客在城市轨道交通范围内受伤的情况时（无论是否城市轨道交通责任），都应提供协助和安抚，尽量体现出我们的热情态度。

（3）在填写《客伤事件调查表》时要尽量控制证明城市轨道交通无责内容的比例，尽量详细描述事件经过的客观事实，以免乘客产生反感而不愿意签字。

处理客伤时，不管责任在谁，态度很关键。本案例车站员工在处理此事时本着热心帮助、服务乘客的态度，得到了乘客的肯定，有效处理了事件。

任务单（安检）

任务：安检

<table>
<tr><td colspan="2">实训名称</td><td>安检</td><td>组别</td><td></td></tr>
<tr><td colspan="2">班级</td><td></td><td>学生姓名</td><td></td></tr>
<tr><td colspan="2">学习领域</td><td colspan="3">城市轨道交通安检</td></tr>
<tr><td colspan="2">任务描述</td><td colspan="3">城市轨道交通车站进站安检</td></tr>
<tr><td colspan="5">任务内容</td></tr>
<tr><td>情境</td><td colspan="4">地点：城市轨道交通车站
人物：安检员、乘客
场景：进站安检入口处</td></tr>
<tr><td>演练</td><td colspan="4">城市轨道交通禁止携带的物品有易燃易爆、家禽、管制刀具等危害人身安全和设施安全的物品。安检员检查时，可使用仪器检查和手工开箱检查。
安检员：“我是城市轨道交通安检员 ×××。”
乘客进入安检门，将包放在安检器上。
安检员观察电脑监视器，发现包内有打火机，有礼貌地对乘客说：“这位先生（女士），您包里有城市轨道交通禁止携带的物品，请您接受开包检查。”
乘客配合检查。
安检员：“谢谢您的配合。”同时向乘客点头致谢。</td></tr>
<tr><td colspan="5">完成本次任务后，归纳总结你应掌握的服务技巧：</td></tr>
<tr><td colspan="4">项目</td><td>得分</td></tr>
<tr><td colspan="4">完成本次任务后，你对自己的评分（满分 10 分）</td><td></td></tr>
<tr><td colspan="4">各小组互评（满分 10 分）</td><td></td></tr>
</table>

续表

组内评分（满分40分） （1）参与小组讨论情况 （2）服务过程是否符合标准规范 （3）语言是否流畅，动作是否规范 （4）任务完成情况 （5）归纳总结情况	
教师评分（满分40分） （1）出勤 （2）安全 （3）纪律 （4）职业素养 （5）任务完成情况 （6）归纳总结情况	
总分	

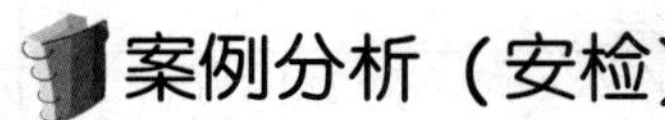

案例分析（安检）

案例：

2015年3月26日早晨7时，北京城市轨道交通5号线的首发站天通苑北站前人头攒动，城市轨道交通站两个进站口都采取了限流措施，每边都有八道栏杆，引导乘客按照“Z”形的行进线路进站。为防止乘客跨越，栏杆特意做了加高处理，有两米多高。一路上没有明显停顿，从队尾走到安检仪旁约用15分钟。

安检大厅内有6个安检口，12扇安检门。安检通道前，安检仪旁一人负责盯包，一人负责盯着监视屏幕。此外，每道安检门前都站着两名拿着手持安检机的安检员，对进站乘客进行手检，时间不会超过30秒。不过一些上班族还是对这道新加的安检程序表示出了些许不理解。其中一个安检口突然传来争吵声，只见一安检人员坐在地上，眼含泪水。旁边一位女士忙说：“我没推你啊，是你自己不小心摔倒的。”原来，这名乘客拒绝安检，直接往站内冲，被工作人员劝阻，在这一过程中安检人员摔倒在地。随后这名乘客被城市轨道交通站内的民警带到警务室处理。

案例分析：

安检部门是城市轨道交通的一个窗口，只有将安全与服务贯彻到日常工作中去，以服务促安全，以持续安全保障优质服务，才能有效促进安检效能提升。目前安检中的服务问题主要表现在：第一，服务意识淡薄造成的争执严重影响安检工作秩序；第二，服务意识淡薄违背工作宗旨，影响安检形象。某些安检人员在工作中服务意识淡薄，甚至粗暴对待旅客，为了逞个人一时之快而忽视安检部门整体利益，最终影响到城市轨道交通安检的整体形象。因此，增强安检人员服务意识、提升安检服务水平，成为新时期城市轨道交通安检工作的重中之重。

任务单（接发列车）

任务：接发列车

<table>
<tr><td>实训名称</td><td>接发列车</td><td>组别</td><td></td></tr>
<tr><td>班级</td><td></td><td>学生姓名</td><td></td></tr>
<tr><td>学习领域</td><td colspan="3">客运服务技巧</td></tr>
<tr><td>任务描述</td><td colspan="3">做好车站行车工作中的接发列车工作</td></tr>
<tr><td colspan="4">任务内容</td></tr>
<tr><td>情境</td><td colspan="3">地点：城市轨道交通车站
人物：站台值班员、行车值班员
场景：在站台巡视时，透过屏蔽门的玻璃，看到6号屏蔽门处有一个包横卧在轨道上。此时，列车即将进站。</td></tr>
<tr><td>演练</td><td colspan="3">接发列车过程中若发现有危及行车安全的情况时应立即按压紧急停车按钮。
站台值班员、站台值班员：果断前往紧急停车按钮处，按下紧急停车按钮，同时将情况向站控室行车值班员汇报：“站控室，我发现6号屏蔽门处有一个包，我已按下紧急停车按钮。”
站控室行车值班员：“好的，站控室明白。”
站控室行车值班员在得到行调的批准后，通知站台值班员将物品用拾物钳取出，安全隐患得以顺利排除。</td></tr>
<tr><td colspan="4">完成本次任务后，归纳总结你应掌握的服务技巧：</td></tr>
</table>

续表

项目	得分
完成本次任务后，你对自己的评分（满分 10 分）	
各小组互评（满分 10 分）	
组内评分（满分 40 分） （1）参与小组讨论情况 （2）服务过程是否符合标准规范 （3）设备操作、功能、原理掌握情况 （4）任务完成情况 （5）归纳总结情况	
教师评分（满分 40 分） （1）出勤 （2）安全 （3）纪律 （4）职业素养 （5）任务完成情况 （6）归纳总结情况	
总分	

案例分析（接发列车）

案例：

某日，客流高峰期，乘客非常多，车门即将关闭的提示音已响起，一位乘客企图冲上车，被一位站台值班员拦住了（因为站台值班员觉得很危险，拽了这个乘客一下，可能是弄痛了乘客）这位乘客非常气愤，直接就骂了句粗话："你以为你是谁啊，你凭什么拉我，弄伤了你负责啊，……"站台值班员态度也不是很好："你没看见车门关上了啊，……"，两个人争吵了起来……

案例分析：

站台值班员为了乘客的安全阻止乘客上车，这个出发点是对的。

站台值班员和乘客发生了直接的碰撞是乘客生气的主要原因。

在阻止乘客上车时，应尽量避免和乘客发生直接碰触，减少纠纷的发生。

在遇见有乘客说粗话骂人时，我们不应该给予直接反击，只能提醒乘客，否则只能使冲突升级。

任务单（站台异物处理）

任务：站台异物处理

<table>
<tr><td>实训名称</td><td>站台异物处理</td><td>组别</td><td></td></tr>
<tr><td>班级</td><td></td><td>学生姓名</td><td></td></tr>
<tr><td>学习领域</td><td colspan="3">车站日常工作处理</td></tr>
<tr><td>任务描述</td><td colspan="3">进行站台异物的安全处理工作</td></tr>
<tr><td colspan="4">任务内容</td></tr>
<tr><td>情境</td><td colspan="3">地点：城市轨道交通车站
人物：站台值班员、站控室行车值班员
场景：站台值班员发现站台有一个黑色大包放在设备房门口，感觉异常，于是马上将情况向站控室汇报。</td></tr>
<tr><td>演练</td><td colspan="3">站台值班员：“站控室，站台 A 端设备房门口发现一个黑色大包，几趟车后无人认领，比较可疑，请指示。”
站控室行车值班员：“站控室明白，迅速隔离现场，不许任何人触碰物品，我们马上通知公安前来查看。”
站台值班员按照站控室行车值班员的提示对现场进行隔离，等待公安前来处理。</td></tr>
<tr><td colspan="4">完成本次任务后，归纳总结你应掌握的服务技巧：</td></tr>
</table>

项目	得分
完成本次任务后，你对自己的评分（满分 10 分）	
各小组互评（满分 10 分）	
组内评分（满分 40 分） （1）参与小组讨论情况 （2）服务过程是否符合标准规范 （3）设备操作是否流畅、规范 （4）任务完成情况 （5）归纳总结情况	

续表

教师评分（满分 40 分） （1）出勤 （2）安全 （3）纪律 （4）职业素养 （5）任务完成情况 （6）归纳总结情况	
总分	

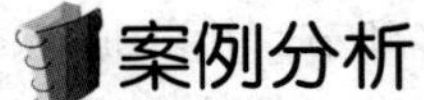

案例分析（站台异物处理）

案例：

2010 年某日，一名乘客将一把雨伞掉落在广州城市轨道交通 5 号线杨箕站上行 7 号屏蔽门与车门间的空隙里，站台值班员人员检查站台区域的轨行区时发现异物并上报行车调度员。15 分钟后，列车在文冲站下行进站前约 15 米处，司机听到有爆炸声并伴有白光，车辆出现辅助逆变器严重故障和高速断路器跳闸故障。同时电力调度员报告：文冲站 214 开关保护器跳闸，造成供电区短时断电。司机发现文冲站折返线 2 道出现明火，30 秒后火自动熄灭；站台值班员人员下线路确认燃烧物为一把雨伞，已经烧得只剩骨架。该事件影响多次列车晚点。

案例分析：

乘客的雨伞从列车与站台缝隙里掉落到列车集电靴上，列车在文冲站折返的过程中，雨伞将接触轨与大地导通，造成短路，引发明火。在事件的处理过程中，行车调度员未对异物掉落轨行区的情况引起重视，未将两个事件联系起来，未能判断出折返线明火产生的原因，加上叠加的故障扰乱了行车调度员的思路，导致事故的影响较大。

项目二　非正常情况下的工作处理

项目描述

城市轨道交通系统是一个庞大复杂的系统，其运营过程中存在诸多环节。由于城市轨道交通系统自身具有密闭性、容量大等特点，城市轨道交通系统呈现出与其他交通工具不同的风险特征。为避免或减少由于自然灾害、人为等因素引起的非正常情况的发生，以及减轻非正常情况的不利后果，为乘客提供满意的服务，需要轨道交通企业及时采取某些超出正常工作程序的行动。

实训目标

(1) 当车站出现大客流时，能合理控制及组织客流。

(2) 当车站出现突发事件时，能根据实际情况采用不同的客流组织办法对乘客进行疏导、隔离、清客及疏散组织。

(3) 特殊情况下的票务应急处理方案。

(4) 自动售检票系统设备故障下的应急处理及其他特殊情况下的应急处理。

实训设备

(1) 实训设备。

城市轨道交通车站、车票、闸机、对讲机、安检机、人体呼吸模型、体操垫、个人卫生用品。

(2) 实训场地。

校内运营综合实训室。

理论基础

一、大客流

大客流根据其产生的原因，可分为可预见性大客流和不可预见性大客流两大类。

（1）可预见性大客流有以下类型：早晚上下班高峰时段引发的车站大客流；节假日大客流，主要指在国家法定的元旦、春节、清明节、劳动节、端午节、中秋节、国庆节期间市民出行及游客旅游等造成全线各站客流普遍大幅上升；大型活动大客流，主要指在城市轨道交通沿线附近举行的大型活动结束后，大量的乘客在较短时间内涌入城市轨道交通车站乘车，造成车站客流迅速上升；恶劣天气大客流，主要指由于大雨、暴雪等恶劣天气对地面交通造成影响，使较多的市民乘坐城市轨道交通或进入城市轨道交通车站躲避雨雪，造成城市轨道交通各个车站客流上升。

（2）不可预见性大客流有以下类型：车站周边临时组织的大型活动；天气突变；城市轨道交通发生紧急事件，如城市轨道交通车站发生火灾、大面积停电、列车延误等事故时。

二、客流影响因素

1. 土地利用及周边出行分布

城市规划布局及土地利用开发受到轨道交通的带动，反过来轨道交通的需求规模及客流变化幅度又直接受土地利用情况的影响。土地利用情况决定了线路的客流特征。城市各区块在功能上的差异导致其所产生的交通需求也各有不同，如居住区的出行客流主要是以通勤为主，而商业区则聚集着大量的购物、就业客流，等等。车站周边的土地利用及城市规划设置决定了出行生成的吸引强度和对交通的需求规模。因此，关注城市轨道交通沿线及车站周边环境设置（如是否有公园、大型娱乐场所、商贸中心、火车站、汽车站等大型集散场所、体育场馆等）对特定区域车站的客流预测有重要的参考作用。

2. 天气因素

城市轨道交通凭借其受天气影响较小，且快速、准点、运量大的优势，在天气出现突变时，当之无愧地成为城市交通运输的主力。城市遇雨、雪、雾等气候影响时，地面交通往往面临严重拥堵的状况，尤其是在早晚高峰出行量本已居高的态势下，地面交通显然难以满足运输需求，此时城市轨道交通客流往往出现短时激增。根据经验，除雨雪等极端天气会导致客流突增外，在夏季高温时期，乘客因城市轨道交通车站、车厢的凉爽环境，也倾向于选择城市轨道交通出行，客流量也会出现显著上升，北京城市轨道交通在 2009 年 6 月的一项调查显示，高温期间城市轨道交通每日运送客流量比平日高出近 6 万人。所以，完善的客流预测数据也需要将天气因素纳入预测条件中。

3. 特殊时间节点

遇节假日、春运、暑运或城市轨道交通车站周边举办演唱会或大型庆祝活动等特殊时间点，城市轨道交通相关车站、线路乃至线网可能会出现客流突增。

三、车站大客流时的客运组织基本原则

（1）以实现乘客安全运输为根本原则，保持客流运送过程通畅，尽量减少乘客出行时间成本，避免拥挤，便于大客流发生时能及时疏散。

(2) 既要考虑如何吸引乘客乘坐城市轨道交通，方便群众出行，又要使客运服务成本最低，取得最佳的经济效益。

(3) 城市轨道交通控制指挥中心负责城市轨道交通线路的客运组织工作，车站的客运组织由站控室客运值班员负责。

(4) 在大客流的情况下，应合理地采取措施对车站人流进行有效控制。人流控制应采取由内至外、由下至上的原则，在车站出入口、入闸机处进行人流的两级控制。

(5) 如果站台乘客数量大于站台容纳能力，必须进行入口闸机的客流控制，控制乘客下站台的数量。

(6) 如果站台乘客数量大于站台容积能力，站厅乘客大于站厅容积能力，就必须对出入口进行控制，限制乘客进站。

四、车站大客流时的客运组织措施

1. 站厅

(1) 变换闸机方向。

大客流时以疏散站内乘客为主，减缓进站客流，为此可临时将部分进站闸机改为出站闸机，同时为减少人流交织，可增设铁马进行分隔。

(2) 利用设施增加换乘步行距离。

疏散时间和拥挤度与楼扶梯能力有直接关系，人流越大，楼梯口越容易出现瓶颈，造成拥堵，因此可通过铁马在站厅构建S形通道，增加步行距离，降低步行速度，减缓拥挤程度。

(3) 其他途径。

利用广播、导向标识、增设车务人员引导等方法进行疏散。

2. 站台

(1) 变换自动扶梯的方向。

当客流达到一定极限后，将向下的扶梯转换为向上，及时疏散站台换乘客流，同时控制站厅换乘客流，减少站台客流的拥堵。

(2) 车站及时了解列车运行信息，在站台播放列车运行方向指引信息，方便乘客快速搭乘。

(3) 利用隔离带或铁马减少站台候车客流与换乘客流的交织，减少人流滞留拥挤，通常将铁马置于自动扶梯处，通过增加走行疏散客流，隔离带常置于靠近楼扶梯的车门处，防止候车区客流过于集中造成拥堵。

3. 行车组织应对措施

按照“以车（设备）定运”原则，最大限度挖掘运输潜力，增加上线运能；同时，由控制指挥中心采取固定与灵活相结合的方式，充分利用列车资源，灵活调度，缓解大客流车站的客运压力。大客流行车组织措施主要有以下几项。

(1) 及时使用备用车。控制指挥中心根据现场客流情况，灵活安排备用车在高峰时段上线运行。备用车投入服务站点需结合车站客流、站台大小、是否是换乘站等因素综合考虑。

（2）合理组织空客车。对高峰时段客流与运能矛盾异常突出的大客流车站，尤其是换乘站，控制指挥中心可抽取终点站部分列车不载客直接运行到大客流车站投入服务的方式进行缓解。

（3）灵活调整行车交路。对于各区段客流不均衡的线路，可采用灵活调整部分列车行车交路方式，将部分列车经中间折返站折返小交路运行，加大高峰区段行车密度方式，疏导高峰区段客流。

（4）组织列车越站运行。对于换乘车站，在站台出现危及乘客人身安全的不可控局面时，控制中心可及时组织列车越站运行，避免因乘客下车对车站站台造成进一步冲击。由于列车越站对乘客服务影响较大，并且列车越站不能运输站台乘客，故非紧急情况下不建议采取该项措施。

4. 加强设备维修及技术人员保障

确保良好、稳定的设备运行状况才能为大客流运输提供有力的保障。在客运量激增情况下，各类设备面临长时间超负荷运作。而车站进行大客流运输时一旦发生车辆、信号等设备故障，运能必将急剧下降，导致车站客流无法正常运输，造成大量乘客滞留在车站，进一步增加发生乘客伤亡事故的风险。因此，设备部门需建立科学、合理的设备检修规程，狠抓设备检修质量，加密检修频率，在确保各设备运行质量的基础上，最大限度地提供列车上线数量。

五、特殊情况下接发列车

1. 列车越站注意事项

（1）列车停站越过站台头端墙两个车门时，站台值班员报告行车调度员，列车乘务员切除两个车门后开门，站台值班员尽快组织乘客上、下车，尽量减少列车晚点时间。

（2）列车停站越过站台头端墙三个车门及以上时，站台值班员报告行车调度员，如果行车调度员安排越过本站，站台值班员要密切关注站台情况，必要时采取人潮控制，并及时通知邻站引导越站乘客返回本站。

（3）如果列车未按计划停站，通过车站时，站台值班员立即报告行车调度员，并通知邻站及列车所在联锁区的联锁站。站台值班员密切关注站台情况，必要时采取人潮控制，发现异常情况及时汇报，防止列车被劫持。

2. 特殊情况下接发列车时显示手信号的时机和地点

（1）接车时，看见列车头部灯开始显示；显示地点为头端墙。

（2）通过列车，应待列车头部越过信号显示地点后方可收回。显示地点为：有屏蔽门的车站在站台尾端墙（内方），没有屏蔽门的车站在站台尾端墙靠近紧急停车按钮附近。

（3）停站列车，应待列车停车后方可收回。

（4）发车信号（或好了信号）显示，必须在司机鸣笛回示后方可收回。显示地点为靠列车前进方向第 2 个车门。

（5）引导手信号，待列车头部越过信号显示地点后方可收回。显示地点为：来车方向端墙。

六、城市轨道交通防灾

1. 灾害突发事件

（1）火灾。

（2）突发性超大大客流。

（3）严重治安或刑事案件，如抢劫、械斗、恶意破坏、劫持、人身伤害、恐吓、不明气体、可疑物品、爆炸等。

（4）严重影响城市轨道交通运营的强台风、强降雨、地震等自然灾害。

（5）严重影响城市轨道交通运营的其他突发性灾难，如大范围停电、遇恶性传染病等。

2. 突发事件应急处理原则

（1）处理突发事件必须执行高度集中、统一指挥的原则。

（2）参与突发事件应急处理的各岗位员工都应紧急行动起来，迅速开展工作。

（3）坚持“先救人，后救物；先全面，后局部”的原则，优先组织人员疏散、伤员抢救，同时兼顾重点设备和环境的防护，将损失降至最低限度。

（4）应坚持就近处理的原则：突发事件发生时，在上一级应急处理负责人到达现场前，相关人员按规定担任现场临时应急处理负责人。

（5）上一级应急处理负责人到达现场后，则由上一级应急处理负责人担任现场指挥。

（6）员工在应急事件处理时应沉着冷静，严格执行规定的标准和程序，做好乘客疏导和安抚工作，维持乘客秩序和减少乘客恐慌。

（7）员工在突发事件应急处理过程中应兼顾现场的保护工作，以利于公安、消防和事件调查部门的现场取证。

（8）员工在应急事件处理时，坚持对外宣传归口管理的原则，不得擅自发布相关信息。

3. 城市轨道交通火灾特征

（1）排烟困难、散热慢。

（2）高温、高热、全面燃烧。

（3）安全疏散困难。

①有些地下建筑内的各种可燃物质在燃烧时会产生大量烟气和有毒气体。

②地下建筑发生火灾时，室内由于正常的照明电源被切断，变得一片漆黑。

③温度升高快，对人体危害大。

④疏散距离长，路径复杂，火灾时逃生的出口和路线比地面建筑少。

（4）扑救困难、危害大。

①探测火情困难。

②接近火场困难。

③通信指挥困难。

④缺少地下工程报警消防专门器材。

4. 火灾的分类

（1）A 类火灾。

A 类火灾指固体物质引发的火灾。

这种物质通常具有有机物质性质，一般在燃烧时能产生灼热的余烬，如木材、煤、棉、毛、麻、纸张等。

（2）B 类火灾。

B 类火灾指液体或可熔化的固体物质引发的火灾。

煤油、柴油、原油，甲醇、乙醇、沥青、石蜡等物质引发的火灾就是 B 类火灾。

（3）C 类火灾。

C 类火灾指气体引发的火灾。

煤气、天然气、甲烷、乙烷、丙烷、氢气等引发的火灾就是 C 类火灾。

（4）D 类火灾。

D 类火灾指金属引发的火灾。

钾、钠、镁、铝镁合金等引发的火灾就是 D 类火灾。

（5）E 类火灾。

E 类火灾指物体带电燃烧引起的火灾。

（6）F 类火灾。

烹饪器具内的烹饪物（如动植物油脂）引起的火灾就是 F 类火灾。

（7）K 类火灾。

K 类火灾指食用油类物质引起的火灾。

通常食用油的平均燃烧速率大于烃类油，与其他类型的液体火相比，食用油火灾很难被扑灭，由于有很多不同于烃类油火灾的行为，它被单独划分为一类火灾。

5. 火警的处理原则

火警处理的首要原则是保障乘客及工作人员的生命安全。一旦生命安全受到威胁，所有人员必须立即撤离至安全的范围。任何员工若发现城市轨道交通范围内出现火情，必须立即通知有关车站的值班站长，立即通过行车调度员要求消防部门协助，在确保人身安全的情况下，员工可尝试将烟火扑灭。

6. 消防标志

（1）消防标志的意义。

总结以往的火灾事故，往往是在发生事故的初期，人们看不到消防标志、找不到消防设施，而不能采取正确的疏散和灭火措施，以致造成大量人员伤亡。因此，消防标志不但是消防官兵处理火险时的好帮手，也是乘客在火灾危急关头的救命符。

（2）红色消防标志牌。

红色消防标志牌用于说明各种消防设备、设施安装的位置，引导人们在发生火灾时采取合理正确的行动。常见的红色消防标志如图 2－1 所示。

（3）绿色消防标志牌。

绿色消防标志牌设置在疏散走道和主要疏散路线的地面或靠近地面的墙上。常见的绿色消防标志如图 2－2 所示。

水泵接合器

消防梯

火警电话

灭火设备

地上消火栓

手动启动器

灭火设备方向

灭火设备方向

发声警报器

灭火器

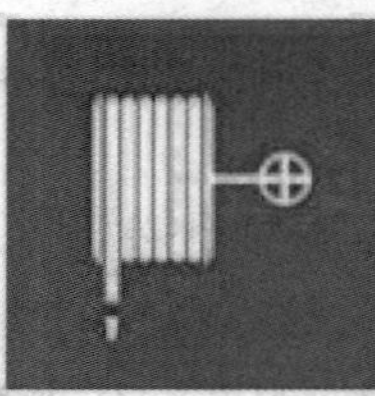

消防水带

地下消火栓

图 2－1　常见的红色消防标志

推开

拉开

疏散通道方向

收散通道方向

紧急出口

紧急出口

滑动开门

滑动开门

图 2－2　常见的绿色消防标志

7. 清客

（1）清客的定义和分类。

①定义。

清客是指由于列车不再进行客运业务（列车折返、回场或在特殊情况下），需将乘客请离列车的过程。城市轨道交通规定的清客分为正常情况下的清客和非正常情况下的清客两类。

②正常情况下的清客。

正常情况下的清客指列车运行点车站，需要折返或回段时须让全部乘客下车所进行的工作。

③非正常情况下的清客。

非正常情况下的清客指由于信号、车辆、电力、轨道和自然灾害等原因，列车不再担任客运业务时须请全部乘客下车所进行的工作。

④清客的意义。

清客作为城市轨道交通运营中一项重要的作业规程，保证了正常的客运和行车秩序，降低了突发情况下对整个路网运营质量的影响。清客过程中的主要参与者司机和站台值班员，两者对清客过程中的各项实质性工作的有效管理和合理处置显得尤为重要。

（2）正常情况下清客组织。

①分类和人员职责。

正常情况下的清客作业主要发生在列车到达终点站后，由司机和站台值班员共同完成，一般分为双人清客和三人清客两种模式。双人清客包括一名司机和一名站台值班员；三人清客包括为一名司机和两名站台值班员。

因大部分城市轨道交通列车采用六节编组，故由司机负责前两节车厢的清客，站台值班员负责后四节车厢的清客工作。此外，站台值班员在清客顺利完成后需要向列车司机进行手信号显示，司机确认后关门发车。

②影响因素。

正常情况下清客作业采取何种模式主要从终点站站台形式、行车间隔和折返时间等方面综合考虑。

以站台形式为例，如终点站站台形式为侧式直线站台，清客作业所需要走行的时间、清客过程中已下车乘客再次返回列车的可能性、司机在关门操作后对站台半高安全门体最终状态和站务人员显示关门手信号的确认等影响因素相对较小，因此可采取双人清客；如终点站站台为测试直线凸型站台，司机在站台首无法直接确认在关门操作后站台半高安全门体最终状态，因此需要站台值班员在站台适当位置代替司机确认半高安全门体的状态，可考虑三人清客，既能提高清客作业的效率，又能确保清客作业的有效；如终点站站台形式为岛式直线站台，清客过程中已下车乘客再次返回列车的可能性大大提高，亦可考虑三人清客。

（3）特殊情况管理和突然情况处理。

终点站清客时会遇到以下两类特殊和突发的情况，即随车折返和随车回段场。这就需要控制指挥中心、设备与车务部门共同配合，在保证运营安全和行车组织效率前提下开展运营。

首先，城市轨道交通列车运营时段的车内卫生的维护一般在列车清客作业折返时进行，因此必须安排保洁人员利用折返间隔随车清扫。其次，部分列车在特定时间会返回段场，因此段场设备和车辆维护人员通过申请可以随车返回段场。最后，可能会出现乘客醉酒等人为原因造成清客作业无法完成。因此需要做好上述情况的管理和处理。

针对上述情况，可考虑采取对保洁人员和随车回段场人员发放统一标准的证件，清客开始前集中到一处进行查验，确认无误后允许随车的方式进行有效管理。对于乘客醉酒等人为原因造成的清客无法完成，可考虑抽调站台值班员经行车调度员允许后陪护折返的方式进行处理。

（4）非正常情况下的清客组织。

①分类和人员职责。

根据列车运行的位置，非正常情况下的清客主要分为列车停靠在站台上和列车停靠在区间两类。至少需要一名司机和两名站台值班员进行清客。司机负责清客过程中的列车广播和列车前部的乘客疏导，站台值班员负责整个车厢的乘客疏导和应急处置。

②遵循的原则和影响因素。

非正常情况下列车清客须遵守以下两项原则：列车司机应与行车调度员及时取得联系，经行车调度员批准后方可进行清客作业；列车在区间发生紧急情况时，司机判明能维持运行，不致危及行车安全时，应继续运行至有条件处理的地点，尽量靠近站台再进行清客。

非正常情况下清客作业除受列车所处的位置这一主要因素的影响，还受车站高平峰客流、区间疏散措施等因素的限制。当列车停靠在站台上需要进行清客时，行车调度员发布清客命令后，司机及时打开车门播放广播，行车值班员同时播放广播并指派站台值班员到达站台，从两端进入列车，并向车厢中部进行清客，完毕后通过手信号示意司机关门完成清客作业。当列车停靠在区间内需要进行清客时，司机必须申请接触轨停电，通过列车广播提示乘客在区间疏散的注意事项，站台值班员在接到行车调度员停电命令后办理作业手续，穿戴好劳动防护用品等进入区间，如区间有疏散通道，司机可在站台值班员到达车厢后打开车门疏散；如区间无疏散通道司机可打开驾驶室的应急门并铺设应急梯引导乘客通过轨行区疏散。一名站台值班员负责带领乘客疏散至站台；另外一名站台值班员待乘客全部离开列车，经司机确认无乘客遗留在车厢内后，走在乘客疏散队伍的最后，负责疏散确认，确定乘客均已到达站台。

③突发情况处理。

当列车失火时，应根据列车着火点位置，选择最有利的疏散方向，车尾失火时可采用车头疏散，车头失火时采用车尾疏散，列车中部失火时采用两端疏散。如情况紧急，在行车调度员授权下，司机可在站台值班员抵达前紧急清客，由司机从乘客中挑选一名至两名年轻力壮的乘客作为疏散队伍的领路人。

清客作业是一项保证正常情况下行车组织安全有效进行，以及突发情况下减少对整

个路网运营和大部分乘客影响的有效措施，作为清客作业重要参与者的控制指挥中心应科学合理的指导司机和站台值班员开展工作，为指挥行车工作争取宝贵时间，最大限度地降低对运营的影响，全面提高城市轨道交通的运营水平。

组织安排

（1）对学生进行分组，每个组再细分成乘客组、工作人员组和评判组。

（2）各小组从教师准备的任务单和案例中抽取若干个项目任务和案例进行演练及分析。

（3）由评判组对演练效果进行评价。

（4）考核完成后填写实训报告，由指导老师和评判组根据项目评分标准进行评分。

实训步骤

一、大客流的客流组织

第一步：在大客流到来前对客运设施设备进行准备。

第二步：按一级客流控制原则进行客流组织。

第三步：按二级客流控制原则进行客流组织。

第四步：按三级客流控制原则进行客流组织。

二、非正常（突发事件）客流组织

第一步：对事件进行判断。

第二步：根据相关原则及办法进行非正常情况下的客流组织。

（1）先按照学生人数确定分组规模，并根据任务单和案例的需要准备好实训设备（如车票、对讲机等）。

（2）对分好组的学生进行任务分配。

（3）每做完一个实训由评判组和教师进行评分。

（4）实训完毕后，由教师对实训效果进行点评和总结。

评价考核

考评方式：

根据日常考勤、服务、安全、节能、环保等职业素养进行打分。

（1）工具、设备使用正确。

（2）组织过程标准规范。

（3）设备原理、功能、操作掌握良好。

（4）任务完成良好。

（5）相关专业术语、名词、图例解释清楚。

（6）内容回答正确。

（7）归纳总结并提炼。

学习引导文

一、灭火器的使用

1. 灭火器的用途

灭火器担负的任务是扑救初起火灾。一具质量合格的灭火器，如果使用得当，扑救及时，可将损火巨大的火灾扑灭在萌芽状态。因此，灭火器的作用是很重要的。

2. 灭火器的分类

灭火器的分类方法很多，通常按充装灭火剂的类型来划分。常见的有手提式干粉灭火器（见图2-3）、二氧化碳灭火器（见图2-4）、泡沫灭火器（见图2-5）、清水灭火器（见图2-6）。

图2-3　手提式干粉灭火器

图2-4　二氧化碳灭火器

干粉灭火器适用于易燃、可燃液体、气体及带电设备的初起火灾，干粉灭火器药剂的主要成分是碳酸氢钠，即小苏打和磷酸氢二铵。

二氧化碳手提式灭火器结构简单、操作灵活、使用方便，具有灭火速度快、效率高，可连续或间歇喷射等优点。适用于扑救油类、易燃液体、固体有机物、气体和电气设备的初起火灾。

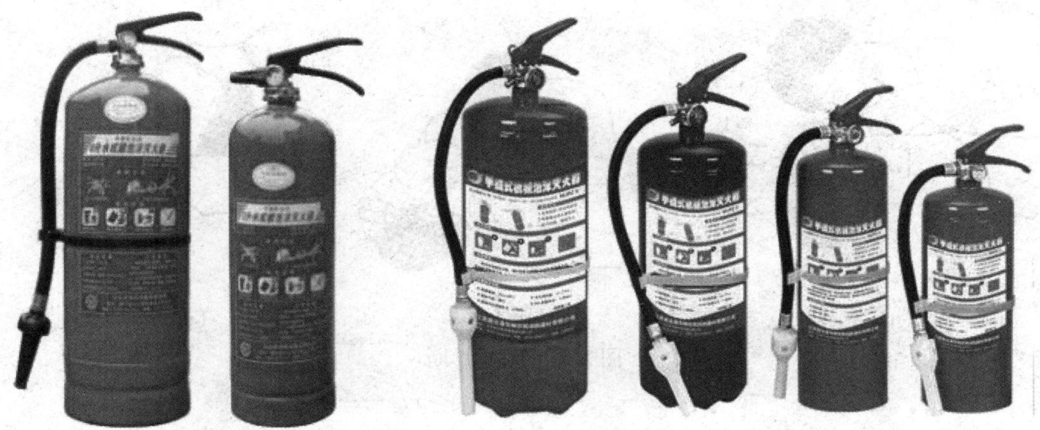

图 2-5 泡沫灭火器

图 2-6 清水灭火器

泡沫灭火器主要适用于扑救各种油类火灾、木材、纤维、橡胶等固体可燃物火灾。

清水灭火器采用清水作灭火药剂，加入一定量的添加剂，可扑灭纸张、木材、纺织品等引起的 A 类火灾。

3. 灭火器的使用方法及步骤用途

第一步：识别灭火器的型号。

第二步：判断火势，正确选用相关类型的火火器。

第三步：对灭火器进行检查，看是否能正常使用。

第四步：站在上风位置，迅速采取以下正确的操作方法，将火源扑灭。

①摇——防止灭火器内灭火剂凝固，影响灭火效果。

②拔——拔出保险栓。

③瞄——瞄准火焰根部。

④压——压下灭火器压把。

⑤扫——左右扫射。

二、心肺复苏操作

如图 2-7 所示，现场诊断包括“看”“听”“摸”。

(1) 对“有心跳而呼吸停止”的，应采用“口对口（鼻）人工呼吸法”。

操作提示：用手捏紧伤员鼻子，口要紧对口吹气，不能漏气；深吸气用力吹，直到胸部隆起；每次呼吸要保持吹气 2 s、停 3 s，频率 12～16 次/min。

口对口（鼻）人工呼吸法抢救操作方法如下。

第一步：将被救伤员移入空气清新之处，解开其衣领，清除口、鼻内污物，颈下垫物，使头后仰，张开口。

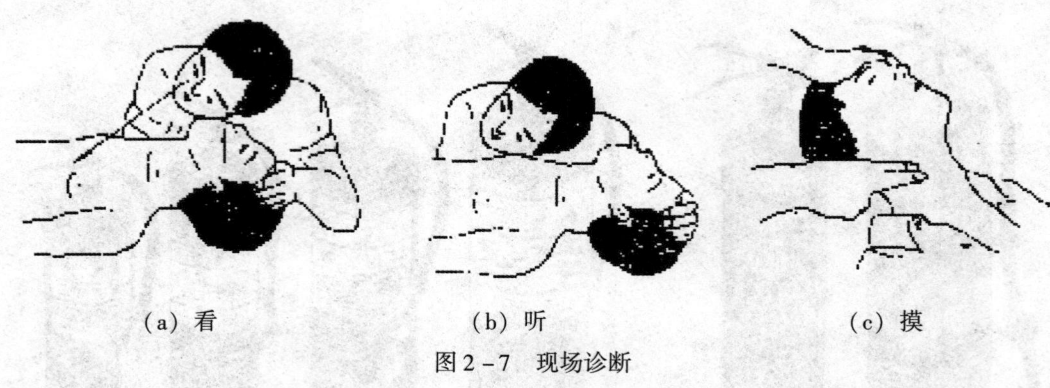
(a) 看　　(b) 听　　(c) 摸

图2-7　现场诊断

第二步：救护人深吸气，对准被救伤员的口，用手捏住其鼻孔，吹气。

第三步：吹气停止后，松开捏鼻的手，嘴也离开，深吸气，重复上述步骤。

口对口人工呼吸抢救如图2-8所示。

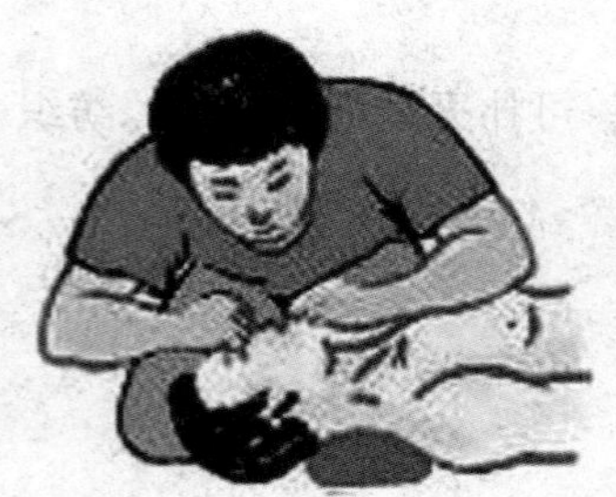
(a) 清除口腔杂物

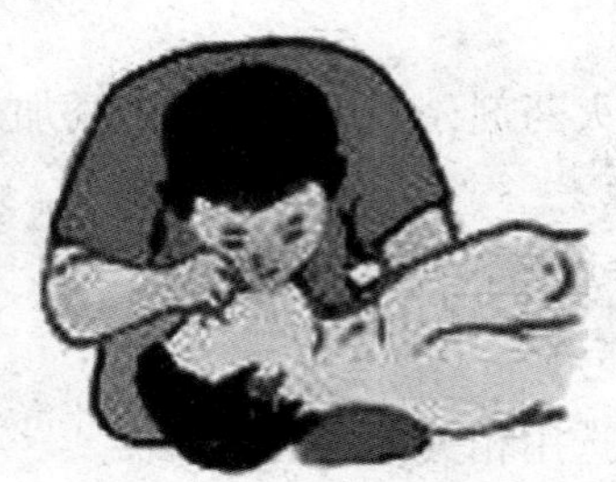
(b) 深呼吸吹气

(c) 放松嘴和鼻换气

图2-8　口对口人工呼吸抢救

操作口诀：口对口人工呼吸，清口捏鼻手抬缓，深吸缓吹口对紧，五秒一次不放松，张口困难吹鼻孔。

(2) 对“有呼吸而心脏停搏”的，应采用“人工胸外挤压法”。

人工胸外按压法抢救操作提示：下压动作不要过猛，利用上身重力自然垂直下压即可，胸骨压陷深度为3~5 cm。

人工胸外按压法抢救操作方法如下。

第一步：松开伤员衣襟、腰带，两腿跪在伤员腰间。

第二步：救护人的右手掌根部放在伤员的心窝上方，左手掌叠放在右手掌上，用力向下做压胸动作。

第三步：救护人突然放松两手，释放胸廓。再压胸，重复上述步骤。

操作口诀：掌投下压，不冲击手腕，略弯压一寸，一秒一次较适宜。

(3) 对“呼吸和心跳都已停止”的触电者，应同时采用“口对口（鼻）人工呼吸

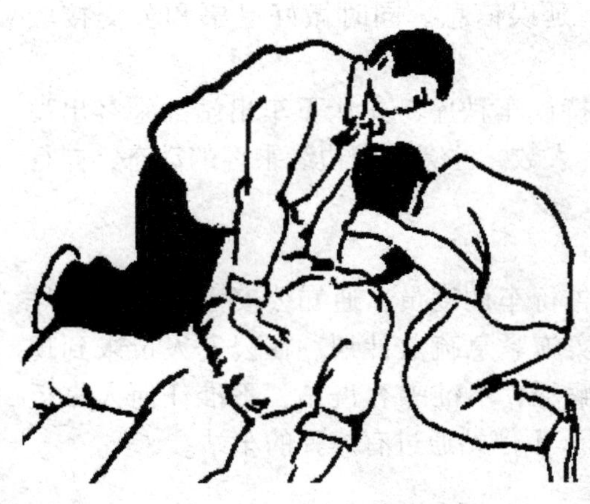

图2－9　“口对口（鼻）人工呼吸法”和“人工胸外挤压法”同时采用

法”和“人工胸外挤压法”（见图2－9），人工胸外挤压30次＋2次口对口人工呼吸，重复三次。

三、意外防止

1. 防止屏蔽门夹人夹物

（1）站台值班员协助列车乘务员确认车门（屏蔽门）关好，确认没有夹到乘客或物品，确认车门（屏蔽门）状态灯熄灭。

（2）站台值班员维持秩序，防止乘客抢上抢下和拉门。在车门（屏蔽门）灯闪时要到扶梯口和楼梯口，防止乘客抢上抢下，如果发现乘客同行人数较多，一部分上了车一部分没有上车时，站台值班员要特别关注，要他们不要越出黄色安全线或靠近屏蔽门，等候下一趟车。

（3）站控室行车值班员加强对中央监控系统的观察，发现异常情况立即按压紧急停车按钮。

2. 防止乘客伤亡

（1）加强对行车规章、车务安全联控措施等规章制度的学习和检查。

（2）指引乘客在黄色安全线内候车。行车值班员在站控室密切观察中央监控系统的情况，在列车的间隙播放安全乘车广播；站台值班员用手提广播喇叭宣传不要越出黄色安全线及靠近屏蔽门候车。

（3）站台值班员，加强巡视，维持站台次序，发现老人、小孩、残疾人和其他特殊乘客要特别关注，主动上前服务。

（4）做好突发性大客流人潮控制，防止人员拥挤，发生意外。车站随时做好应付突发性大客流的准备工作，应付突发性大客流的备品要保持状态良好；按照三级客流控制原则，如果站台过于拥挤，就控制下站台的人数。

（5）加强对站台、站厅等公共区域设备、设施的巡视，防止物品坠落。各岗位工作人员按照车站制定的各岗位作业流程，巡视车站。

（6）加强对施工作业后的确认和开站前的安全检查；加强对自动扶梯等公共设备设施的检查、巡视，发生问题，及时报修并做好防护，同时做好维修跟踪工作。

3. 突发大客流时，如何进行人潮控制

（1）当发生突发性大客流时，车站要及时了解产生突发客流的原因、规模，可能持续的时间。要利用广播系统认真做好宣传，及时组织、委派人员维持秩序，理顺购票队伍，增设兑零点。如车站现有人员无法应付突发性客流的需要时，站长或值班站长及时组织总部驻站各部门员工参与控制客流，同时通知公安，并向行车调度员及运营公司值班领导报告，请求人员支援。

（2）当客车运行故障，造成客车始发、到达晚点，车站乘客拥挤时，车站应及时通知公安部门协助，要用广播向乘客解释，请乘客排队上车或转乘其他交通工具。

售票员及厅巡告知每一位购票进闸的乘客客车延误信息。同时做好退票和公交接驳的工作准备。

(3) 站台拥挤时，立即委派人员到站台维持候车秩序，先让下车出站的乘客出站后，再放坐车的乘客进入站台，控制进站的乘客人数。注意站台边缘乘客的动态，向行车调度员请求加开客车运送走站台的乘客。

4. 收到炸弹的应急措施

当接到炸弹恐吓通知时，值班站长立即报告行车调度员，通知公安人员寻找“炸弹”的位置，按发生火灾处理程序，组织全站实施紧急疏散计划。在公安人员未到现场排除隐患时，终止车站服务，利用广播做好解释，不准乘客进站，不准任何人靠近“炸弹”现场。行车调度员可根据情况，组织列车不停站通过有炸弹的车站。

5. 发生毒气事件的处理程序

(1) 报告行车调度员和公安人员。

(2) 把扶梯运行方向全部改为向上运行，指引和疏散乘客出站，广播发生毒气事件，紧急疏散乘客，并通知所有驻站的人员撤到安全的地点。

(3) 通知邻站扣车。

(4) 站务人员（站台值班员和站厅值班员）戴上防护面具，寻找未撤离和中毒人员，把他们抬出车站送往医院。

(5) 是否开启排烟模式，抽走毒气，由公安部门或防化部队确定。

6. 车站停电时的处理

当车站停电时，只有紧急照明，值班站长立即报告行车调度员，问清停电原因及大概的恢复供电时间。如要较长时间才能恢复供电或恢复供电的时间不能确定，须做好对乘客的信息广播，广播通知驻站各部门人员，在事故照明灯失效时，请求行车调度员让客车不停本站，指示售票员停止售票，通知全站员工疏散乘客出站，并关闭车站。待恢复供电时，重新开放车站。如较短时间内可恢复供电，则安排员工关停扶梯，在乘客进出站的楼梯、电扶梯、闸机等重要的地方放置应急灯，并用手提广播喇叭引导乘客慢行进、出站（对乘客广播用语：“设备临时故障停电，请大家不要惊慌”）。

7. 车站发生乘客群体性上访、闹事等事件处理

(1) 当车站出现不明的群体性乘客时，车站须提高警惕，做好应急准备。

(2) 值班站长应立即到现场处理，以委婉的方式暂缓乘客的乘车，并探明该批乘客的出行动向。

(3) 当了解到是上访事件时，车站应立即报城市轨道交通公安，请城市轨道交通公安到场处理，同时上报控制指挥中心，并及时知会上访乘客的目的站做好接应。

(4) 当发现该批乘客闹事时，车站应立即报城市轨道交通公安，请城市轨道交通公安到场处理，同时上报控制指挥中心并申请人员支援，做好现场控制，尽量防止事件的扩大。

(5) 当该批乘客乘坐列车时，车站安排人员指引其进站乘车，必要时，安排人员随同乘车维持秩序。

8. 接触网（轨）有异物的车站处理

(1) 根据列车停车位置，对列车运行分三种情况采取措施：若列车已在站台停车，

且异物不影响列车运行时，待本次列车驶离站台后再处理；若列车已在站台停车，且异物影响列车运行时（在前方进路上或列车顶上等），通知司机停车待令，处理异物，若在列车顶上无法处理时，通知司机限速 5 km/h 动车，再处理；若列车尚未进站，立即按压紧急停车按钮，阻止列车进入站台。

（2）事故处理负责人到达现场后，根据异物是否缠绕接触网的状态，分需要停电及不需要停电两种情况进行处理。

①若发现异物与接触网（轨）没有缠绕在一起，按以下程序处理：报告行车调度员，申请不停电处理。确认已按压紧急停车按钮，阻止后续列车进入站台。穿戴防护用品（绝缘靴、绝缘手套、荧光衣等）后，使用绝缘工具将异物取走。若供电或机电专业人员在现场的，在事故处理负责人的指挥下，由供电或机电专业人员将异物取下。

②若发现异物与接触网（轨）缠绕在一起，按以下程序处理：报告行车调度员，申请接触网（轨）停电（不挂地线）。停电后，穿戴防护用品（绝缘靴、绝缘手套、荧光衣等）后，使用绝缘工具将异物取走。若供电或机电专业人员在现场的，在事故处理负责人的指挥下，由供电或机电专业人员将异物取下。

③取走异物，确认线路出清、恢复紧急停车按钮后，报告行车调度员，恢复运营。

9. 信号与屏蔽门接口故障的处理

（1）列车在进入车站站台区前或在站台区收不到速度码的处理规定如下。

①当列车在车站关好屏蔽门、车门后，收不到速度码时，司机立即报告行车调度员，按行车调度员的命令以受限制的人工驾驶模式动车，行车调度员通知车站派站台值班员在下一趟客车到站时打开“屏蔽门互锁解除”开关，收到速度码后以列车自动驾驶模式动车，如收不到速度码按行车调度员的命令以受限制的人工驾驶模式动车。

②当客车在进入车站站台区前停车时，报告行车调度员，司机按行车调度员的命令并确认运行前方的站台区轨道空闲后，以受限制的人工驾驶模式（如受限制的人工驾驶模式产生紧急制动时，改用不受限制的人工驾驶模式进站，对标后恢复列车自动防护系统）进站，对标停车。行车调度员通知车站派站台值班员在下一趟列车到站前打开“屏蔽门互锁解除”开关，直至列车出站。

③当客车在车站关好车门后，以受限制的人工驾驶模式不能动车时，司机报告行车调度员，按行车调度员的命令以不受限制的人工驾驶模式动车，到下一站时，恢复列车自动防护系统。

④当客车以受限制的人工驾驶模式动车，运行 2 个轨道电路后仍然不能转为列车自动驾驶模式时，则按信号故障的处理程序处理。

（2）车站接到行车调度员或司机报告在车站进站前或在站台区收不到速度码时，立即检查站台区和屏蔽门的状态，发现异常立即通知司机和报告行车调度员。

（3）维修调度员接到故障报告后，立即组织维修人员前往抢修。

任务单（城市轨道交通车站大客流组织演练）

任务：城市轨道交通车站大客流组织演练

<table>
<tr><td>实训名称</td><td>城市轨道交通大客流组织演练</td><td>组别</td><td></td></tr>
<tr><td>班级</td><td></td><td>学生姓名</td><td></td></tr>
<tr><td>学习领域</td><td colspan="3">车站工作处理</td></tr>
<tr><td>学习情景</td><td colspan="3">城市轨道交通大客流组织</td></tr>
<tr><td colspan="4">任务内容</td></tr>
<tr><td>情境</td><td colspan="3">地点：城市轨道交通车站
人物：站台值班员、站长
场景：会展中心站遭遇大客流</td></tr>
<tr><td>演练</td><td colspan="3">会展中心站为侧式站台车站，该站位于重要的会议客流集散点——会展中心，该会展中心经常举办大型招聘会、展览等大型会议，因此该站经常会不定期地遇到大客流，为保证乘客安全和正常运营秩序，该车站备有完善的客流组织方案。
站台值班员：
人工引导客流方面，利用广播做好客流疏导，安抚宣传工作，增设临时检票点来疏散大客流，把车站部分入站闸机调整为出站闸机模式开边门加快乘客出站速度，不让客流在站台和站厅处停滞，保证客流疏散。
安全方面，采取临时疏导措施对客流方向进行限制。会展中心站此时实行两级疏导，即出入口站厅的疏导，以及站厅站台扶梯与站台的疏导，对站台站厅出入口采取逐级控制；根据车站临时检票位置的设置，安排站厅值班员在站厅出入口疏导，限制客流的方向，以保持通道的通畅和站厅出入口客流秩序。
行车值班员通过视频监控系统实时监控大客流的重点部位，并与现场负责人保持密切联系，对其中一个出入口采取短时间限制乘客进入车站的措施，阻止一部分客流进入车站，以避免与出站客流形成对流。
站台值班员不断向控制指挥中心报告大客流实时情况，由于会展中心站台客流太大，控制指挥中心及时发布行车调令，安排后续列车间隔跳停会展中心站，减轻站台客流对冲压力。
增加售检票能力，事先准备足够多的车票，在出入口、通道、站厅等处增加临时售票点，增设临时检票口。
实行两级疏导，即出入口、站厅的疏导，以及站厅、站台扶梯与站台的疏导，对站台、站厅出入采取逐级控制，设置临时导向警戒绳。</td></tr>
</table>

续表

<table>
<tr><td>演练</td><td colspan="2">限制客流的方向，保持通道的通畅和站厅出入口客流的秩序，保证客流均匀上下扶梯和尽快上下列车，保证乘客在站台候车的安全。由于会展中心站站台客流压力持续增大，车站及时将通往站厅、站台的下行自动扶梯调整为上行模式，延缓乘客进入车站的速度，同时延缓售票速度，关闭所有闸机，待站台客流明显缓解后再放行已关闭的其中一个出入口，限制乘客进入车站。</td></tr>
<tr><td colspan="3">完成本次任务后，归纳总结你应掌握的服务技巧：</td></tr>
<tr><td colspan="2">项目</td><td>得分</td></tr>
<tr><td colspan="2">完成本次任务后，你对自己的评分（满分 10 分）</td><td></td></tr>
<tr><td colspan="2">各小组互评（满分 10 分）</td><td></td></tr>
<tr><td colspan="2">组内评分（满分 40 分）
（1）参与小组讨论情况
（2）服务过程是否符合标准规范
（3）设备操作掌握情况
（4）任务完成情况
（5）小组人员之间配合默契情况</td><td></td></tr>
<tr><td colspan="2">教师评分（满分 40 分）
（1）出勤
（2）安全
（3）纪律
（4）职业素养
（5）任务完成情况
（6）归纳总结情况</td><td></td></tr>
<tr><td colspan="2">总分</td><td></td></tr>
</table>

案例分析（大客流应急处理及列车故障救援应急处理）

案例 1：

2010 年元旦傍晚 6 时左右，广州城市轨道交通公司多条线路客流出现急速增长现象，其中城市轨道交通三号线客流拥堵严重。为了有效缓解客流拥堵，避免因拥堵造成交通事故。广州城市轨道交通公司迅速启动三号线全线客流控制应急预案。根据广州城市轨道交通大客流应急处理预案，广州城市轨道交通三号线各站工作人员通过暂停乘客进站乘车，在扶梯、换乘平台和闸机等位置分流客流和缩短列车行车间隔等措施来缓解三号线的拥堵情况。由于车站工作人员有效地执行客流控制应急预案，在经过历时近3小时的大客流冲击后，三号线各车站的高峰客流得到了有效缓解，没有发生一起乘客安全事故。

案例分析：

（1）大客流应急预案是为了有效缓解突发性高峰客流，避免因客流高峰引起交通事故而制定的处理方案。在节假日、上下班高峰时段、大型活动时期，城市轨道交通极易出现客流拥堵现象。城市轨道交通企业应根据情况事先做好控制客流的准备，制定好相关的预案，在客流高峰时段有效实施应急措施。本案例中，广州城市轨道交通公司根据现场情况迅速及时地启动应急预案，发挥了应急预案的应急作用。

（2）面对高峰客流情况，采取有效的客流控制措施是十分重要的。广州城市轨道交通公司在三号线出现拥堵的情况下，通过迅速组织各站工作人员通过暂停客流进站，有效分流客流，缩短列车行车间隔等措施有效缓解了高峰客流。

（3）在客流高峰时段，城市轨道交通企业工作人员应该在车站入口，出入闸机处、站厅、站台楼梯、扶梯处疏导乘客，必要时应加派工作人员做好疏通和服务工作。广州城市轨道交通公司工作人员在各自的岗位上做好了服务工作，保障了应急预案的顺利实施。

案例2：

2009年12月22日上午，上海城市轨道交通1号线发生电路跳闸并导致两列列车发生碰撞事故，事故发生后，城市轨道交通公司立即停止全线运营，并进行了必要的事故抢救。线路停止运营长达4小时。由于正值早高峰，大批上班乘客滞留城市轨道交通车站附近，发生碰撞的列车上的乘客被困车厢长达4小时。不少被困乘客出站后情绪激动，对城市轨道交通方面采取的应急措施表示不满，尤其对信息告知不够和客流疏散引导不畅的投诉较多。

案例分析：

（1）城市轨道交通运营列车发生碰撞事故，企业应及时派出工作人员到达现场，查明事故情况，及时向上级部门反映信息。企业应急部门应通过广播通知、电视告示等方式向乘客说明状况并道歉，安抚乘客情绪，获取乘客的谅解和合作，并立即启动应急救援预案。本案例中，上海城市轨道交通运营单位在发生事故后没有启动应急预案，而且也没有及时对乘客进行安抚，显然没有做好应急服务工作。

（2）在列车发生事故后，工作人员在稳定乘客情绪、讲明事故原因后，就应该及时组织乘客疏散，避免乘客长时间滞留车厢或车站。上海城市轨道交通运营单位由于没有采取乘客救援措施，导致乘客长时间滞留车厢，所以引起乘客投诉。

任务单（灭火器使用）

任务：灭火器使用

<table>
<tr><td>实训名称</td><td>灭火器使用</td><td>组别</td><td></td></tr>
<tr><td>班级</td><td></td><td>学生姓名</td><td></td></tr>
<tr><td>学习领域</td><td colspan="3">运营服务技巧</td></tr>
<tr><td>学习情景</td><td colspan="3">城市轨道交通车站火灾处理</td></tr>
<tr><td colspan="4">任务内容</td></tr>
<tr><td>情境</td><td colspan="3">地点：城市轨道交通车站
人物：站台值班员
场景：城市轨道交通车站垃圾桶发生火灾</td></tr>
<tr><td>演练</td><td colspan="3">站台值班员手提灭火器的提把，迅速赶到火场，在距离起火地点的5米左右处，放下灭火器。
使用时，先拔掉铅封，再拔掉保险销，一只手握住喷嘴，另一只手用力按下压把，从火焰侧面，对准火焰根部左右扫射，并由近而远，快速推进，直至火焰全部扑灭（具体操作方法见图2－10）。在扑救容器内可燃液体火灾时，也应从侧面对准火焰根部左右扫射，当火焰被赶出容器时，应快速向前，将余火扑灭。应注意不要把喷嘴直接对准液面喷射，以防气流的冲击力使油液飞溅，引起火势扩大，造成灭火困难。
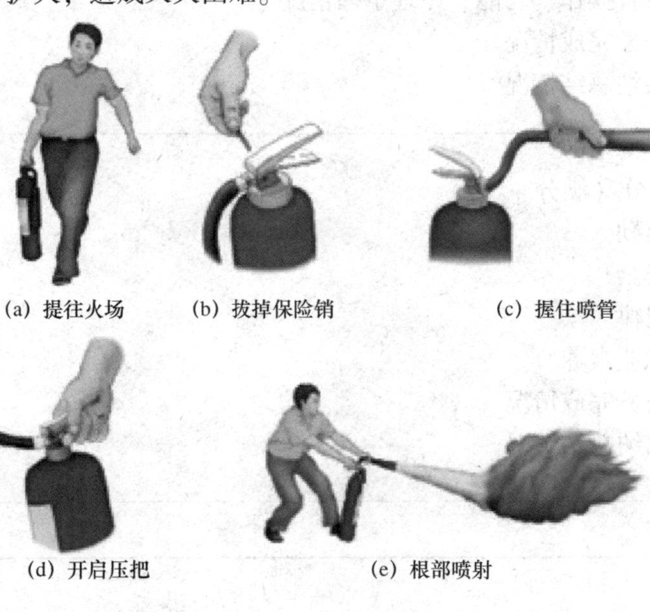
(a) 提往火场　(b) 拔掉保险销　(c) 握住喷管
(d) 开启压把　(e) 根部喷射
图2－10</td></tr>
</table>

续表

<table>
<tr><td>演练</td><td>灭火器使用动作要领如下。
（1）摇——防止灭火器内灭火剂凝固，影响灭火效果。
（2）拔——拔出保险栓。
（3）瞄——瞄准火焰根部。
（4）压——压下灭火器压把。
（5）扫——左右扫射</td></tr>
<tr><td colspan="2">完成本次任务后，归纳总结你应掌握的服务技巧：</td></tr>
</table>

项目	得分
完成本次任务后，你对自己的评分（满分 10 分）	
各小组互评（满分 10 分）	
组内评分（满分 40 分） （1）参与小组讨论情况 （2）服务过程是否符合标准规范 （3）设备操作、功能、原理掌握情况 （4）任务完成情况 （5）归纳总结情况	
教师评分（满分 40 分） （1）出勤 （2）安全 （3）纪律 （4）职业素养 （5）任务完成情况 （6）归纳总结情况	
总分	

任务单（乘客受伤处理）

任务：乘客受伤处理

<table>
<tr><td>实训名称</td><td>乘客受伤处理</td><td>组别</td><td></td></tr>
<tr><td>班级</td><td></td><td>学生姓名</td><td></td></tr>
<tr><td>学习领域</td><td colspan="3">非正常工作处理</td></tr>
<tr><td>学习情景</td><td colspan="3">城市轨道交通车站发生乘客受伤情况</td></tr>
<tr><td colspan="4">任务内容</td></tr>
<tr><td>情境</td><td colspan="3">地点：城市轨道交通车站
人物：站台值班员、值班站长、受伤乘客
场景：城市轨道交通车站下行方向，列车已在站台停稳，突然一名男乘客从自动扶梯下来，一路小跑冲进车厢，由于车门关闭，于是该名男乘客的头部被夹在屏蔽门和列车之间，站台值班员及时发现后马上汇报值班站长到现场处理，男乘客由于头部被夹伤，情绪非常激动，要求到医院检查，并报警要公安人员来处理。</td></tr>
<tr><td>演练</td><td colspan="3">站台值班员：“（面带关切，语气真诚）先生，您怎么样，我扶您坐下，我马上通知值班站长。”
受伤乘客：“我要报警。”一手扶着头，面色痛苦。
站台值班员：“乘客，是否需要致电 120 急救中心。”
受伤乘客：“马上通知。”
站台值班员：“120 吗，我是 × × 车站，现在我有一个乘客受伤，需要你们马上来一趟。”
值班站长：“请不要围观，有哪位乘客看到了刚才的情况，是否方便留下联系方式。”
值班站长对现场进行拍照。
站台值班员一直在一旁照顾乘客</td></tr>
<tr><td colspan="4">完成本次任务后，归纳总结你应掌握的服务技巧：</td></tr>
<tr><td colspan="3">项目</td><td>得分</td></tr>
<tr><td colspan="3">完成本次任务后，你对自己的评分（满分 10 分）</td><td></td></tr>
<tr><td colspan="3">各小组互评（满分 10 分）</td><td></td></tr>
</table>

续表

组内评分（满分 40 分） （1）参与小组讨论情况 （2）服务过程是否符合标准规范 （3）处理客伤态度是否真诚 （4）任务完成情况 （5）归纳总结情况	
教师评分（满分 40 分） （1）出勤 （2）安全 （3）纪律 （4）职业素养 （5）任务完成情况 （6）归纳总结情况	
总分	

任务单（乘客物品掉落轨行区的处理）

任务：乘客物品掉落轨行区的处理

实训名称	乘客物品掉落轨行区的处理	组别	
班级		学生姓名	
学习领域	运营服务技巧		
学习情景	城市轨道交通突发事件处理		
任务内容			
情境	地点：城市轨道交通车站 人物：站台值班员、站控室行车值班员、乘客 场景：一天上午，在人民广场站站台上，一对年轻情侣开始高声争吵。突然，有候车乘客惊呼：“哎呀，背包掉进铁轨里了！”这声惊呼提醒了小情侣，其中一人欲下轨道拾捡物品。此时，一趟列车即将进站。		

续表

<table>
<tr><td>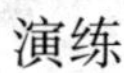演练</td><td>站台值班员 1 迅速跑来，观察坠落物品，确认物品位置影响行车，而列车即将进站，马上通报：“站控室，站控室，轨行区有物品掉落，影响行车。”
站控室行车值班员：“0506 号列车，人民广场站轨行区有物品掉落，影响行车请紧急停车，0506 号列车，人民广场站轨行区有物品掉落，影响行车请紧急停车。”站台值班员同时按压紧急制动按钮。
站台值班员 2 利用拾物夹或长竿，将背包挑了上来。
值班站长安抚失物乘客，疏散围观乘客。掉落物品的乘客被站台值班员 1 带走做情况记录，之后拿回物品。
站控室行车值班员：确认线路出清，通知站台值班员复位急停按钮。
站台值班员针对乘客物品掉落执行区的处理结构如图 2－11 所示。
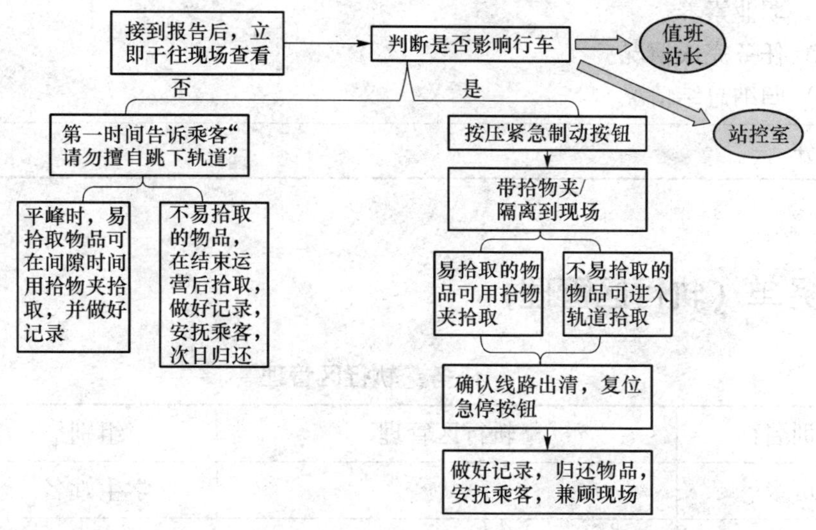

图 2－11　站台值班员针对乘客物品掉落执行区的处理流程</td></tr>
<tr><td colspan="2">完成本次任务后，归纳总结你应掌握的服务技巧：</td></tr>
</table>

项目	得分
完成本次任务后，你对自己的评分（满分 10 分）	
各小组互评（满分 10 分）	
组内评分（满分 40 分） （1）是否能够准确判断突发事件性质及影响 （2）是否准确完成突发事件上报流程 （3）是否会根据情况使用站台紧急停车按钮	

续表

（4）是否能够熟练完成落轨物品拾捡 （5）是否能够合理应对丢失物品的乘客及周围乘客 （6）行车备品的存放及使用是否正确 （7）是否做到迅速、及时 （8）是否做到真诚、耐心 （9）是否做到严谨、规范	
教师评分（满分40分） （1）出勤 （2）安全 （3）纪律 （4）职业素养 （5）任务完成情况 （6）归纳总结情况	
总分	

任务单（轨行区管理）

任务：轨行区管理

实训名称	轨行区管理	组别	
班级		学生姓名	
学习领域	车站日常工作处理		
学习情景	站台安全处理		
任务内容			
情境1	地点：城市轨道交通车站 人物：站台值班员、站控室行车值班员、维修人员 场景：维修人员进入轨行区		
演练	维修人员：“您好，我们是设备厂家工作人员，想进端门外查看配电箱，请帮我们开一下端门。” 站台值班员：“请稍等，我请示一下站控室。” 站台值班员：“站控室，设备厂家工作人员要进上行端门外查看配电箱。” 站控室行车值班员：“请把设备厂家工作人员的工号报给我，等这趟车走后再让他们进去，让他们注意安全。” 站台值班员：“明白，设备厂家人员的工号为1578。”		

续表

<table>
<tr><td>情境 2</td><td>地点：城市轨道交通车站
人物：站台值班员、站控室行车值班员、广告施工人员
场景：区间广告施工人员进入轨行区</td></tr>
<tr><td>演练</td><td>广告施工人员：“同志您好，请帮我们开一下端门，我们要下轨行区更换广告画。”
站台值班员：“请稍等，我请示一下站控室。”
站台值班员：“站控室，站台有广告施工人员要下轨行区更换广告画。”
站控室行车值班员：“他们还没有进行施工请点登记，请他们上来先登记一下吧。”
站台值班员：“站台岗明白。”
站台值班员：“对不起，请按城市轨道交通施工要求请点登记，得到批准后才能施工，你们先到站控室请点吧。”
广告施工人员：“好的，谢谢。”
…………
广告施工人员：“同志，我们已经向站控室请点了，现在可以下轨行区了吗。”
站台值班员：“请稍等，我请示一下站控室。”
站台值班员：“站控室，广告施工人员现在可以进轨行区了吗？”
站控室行车值班员：“还不可以，他们只是请了点，行车调度员还没有批准，等行车调度员批准了，我会通知你的。”
站台值班员：“对不起，你们还不能下轨行区施工，你们的施工项目只有在行车调度员批点后，才可以进行。”
广告施工人员：“哦，好的，下回我们就明白了，谢谢。”</td></tr>
<tr><td colspan="2">完成本次任务后，归纳总结你应掌握的服务技巧：</td></tr>
</table>

项目	得分
完成本次任务后，你对自己的评分（满分 10 分）	
各小组互评（满分 10 分）	
组内评分（满分 40 分） （1）参与小组讨论情况 （2）服务过程是否符合标准规范 （3）语言是否流畅，表现是否自然 （4）任务完成情况 （5）归纳总结情况	

续表

教师评分（满分 40 分） （1）出勤 （2）安全 （3）纪律 （4）职业素养 （5）任务完成情况 （6）归纳总结情况	
总分	

任务单（列车清客）

任务：列车清客

<table>
<tr><td colspan="2">实训名称</td><td>列车清客</td><td>组别</td><td></td></tr>
<tr><td colspan="2">班级</td><td></td><td>学生姓名</td><td></td></tr>
<tr><td colspan="2">学习领域</td><td colspan="3">运营服务技巧</td></tr>
<tr><td colspan="2">学习情景</td><td colspan="3">城市轨道交通突发事件处理</td></tr>
<tr><td colspan="5">任务内容</td></tr>
<tr><td>情境</td><td colspan="4">地点：城市轨道交通车站
人物：站台值班员、值班站长
场景：城市轨道交通列车运行调整，需对本次列车清客</td></tr>
<tr><td>演练</td><td colspan="4">值班站长向车站下达列车清客指令，组织站台值班员前往列车，并在规定时间完成清客。
站台值班员接到列车清客命令后，两名站台值班员马上到监控亭拿手提广播喇叭，然后两人分别从列车两端进入车厢，从两头向中间清客。
站台值班员：“各位乘客，本次列车因故退出服务，请大家配合到站台等候下一班列车。”（重复）
值班站长待车厢内的乘客全部出清后，指示站台值班员向司机显示“好了”信号。
值班站长引导部分乘客退票，组织和引导其他乘客在站台等候下一趟列车，并做好候车乘客的解释和安抚工作</td></tr>
<tr><td colspan="5">完成本次任务后，归纳总结你应掌握的服务技巧：</td></tr>
</table>

续表

项目	得分
完成本次任务后，你对自己的评分（满分10分）	
各小组互评（满分10分）	
组内评分（满分40分） （1）参与小组讨论情况 （2）服务过程是否符合标准规范 （3）小组成员配合默契与否 （4）任务完成情况 （5）归纳总结情况	
教师评分（满分40分） （1）出勤 （2）安全 （3）纪律 （4）职业素养 （5）任务完成情况 （6）归纳总结情况	
总分	

任务单（心肺复苏演练）

任务：心肺复苏演练

<table>
<tr><td>实训名称</td><td>心肺复苏演练</td><td>组别</td><td></td></tr>
<tr><td>班级</td><td></td><td>学生姓名</td><td></td></tr>
<tr><td>学习领域</td><td colspan="3">车站工作处理</td></tr>
<tr><td>学习情景</td><td colspan="3">城市轨道交通车站应急处理</td></tr>
<tr><td colspan="4">任务内容</td></tr>
<tr><td>情境</td><td colspan="3">地点：城市轨道交通车站
人物：站台值班员、受伤乘客
场景：有乘客在车站突然晕倒</td></tr>
</table>

续表

<table>
<tr><td>演练</td><td>
1）操作前准备
（1）操作者准备：着装整洁，态度严肃，反应敏捷。
（2）物品准备：模拟人，简易呼吸器，硬板床或硬板，纱布，弯盘，手电筒，笔，护理记录单，手表。
（3）环境准备：脱离危险环境或隔帘。
2）演练程序
（1）站台值班员观察周围环境，确定安全，口述“环境安全，可以操作”。(开始计时)
站台值班员判断患者意识：轻拍患者双肩，同时俯身分别对左、右耳高声呼叫“喂，你怎么啦?”，判断有无意识，如无意识，口述“意识丧失”，高声呼救，寻求他人帮助，记录时间。
站台值班员判断大动脉搏动：触摸颈动脉（右手食、中二指并拢，由喉结向内侧滑移 2 ~ 3 cm，检查颈动脉搏动），判断时间小于 10 s，如无搏动，口述“大动脉搏动消失”。
站台值班员摆放患者体位，仰卧在坚实的平面或硬板上。
站台值班员解开衣领、腰带。
站台值班员胸外心脏按压如图 2 – 12 所示。
①术者体位：根据个人身高及患者位置高低选用踏脚凳或跪式体位。
②按压部位：胸骨中下 1/3 处，成人为两乳头连线与胸骨交叉中点或食指、中指沿肋缘向上触摸至剑突上两横指处。
③按压姿势：手臂长轴与胸骨垂直，双手掌根重叠，手指扣手交叉，手指不触及胸壁，双臂肘关节绷直，以髋关节为支点运动，垂直向下用力。
④按压深度：胸骨下陷 3. 8 ~5 cm。
⑤按压频率：至少 100 次/min。
⑥按压与放松时间比例为 1∶1，放松时掌根部不能离开按压部位。
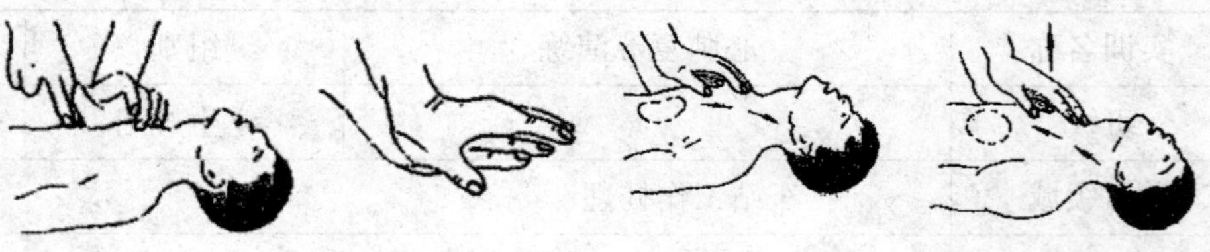
（a）找准位置　（b）挤压姿势　（c）向下挤压　（d）突然松手
图 2 – 12　胸外心脏按压
（2）站台值班员开放气道。
①双手轻转头部，将患者头偏向一侧，检查口腔，纱布缠绕手指，去除异物或义齿（疑有颈椎骨折除外）。
</td></tr>
</table>

续表

<table>
<tr><td colspan="2">

②开放气道：采用仰头抬颏法—左手掌外缘置于患者前额，向后下方施力，使其头部后仰，同时右手食指、中指指端放在患者下颌骨下方，旁开中点 2 cm，将颏部向前抬起，使头部充分后仰，下颌角与耳垂连线和身体水平面呈 90°（疑有颈椎骨折采用托颌法）。

站台值班员人工呼吸（2 次）（见图 2－13）。

③口对口人工呼吸：吸一口气，用操作者口唇严密地包住患者的口唇，平稳地吹气，注意不要漏气，在保持气道通畅的操作下，将气体吹入患者的口腔到肺部，使胸廓抬起；吹气后，口唇离开，并松开捏紧鼻孔的手指，使气体呼出。并侧转头吸入新鲜空气，同时观察患者胸廓起伏情况，再进行第二次吹气，吹气时间大于一秒，每次吹气量 500～600 ml。如此反复操作，完成五个循环呼吸周期。

站台值班员判断心肺复苏是否有效（呼吸、颈动脉搏动、四肢循环及瞳孔情况），口述判断情况，整理患者衣物。如心肺复苏有效，口述“患者心肺复苏成功”。（计时结束）

操作者口述“操作完毕”。

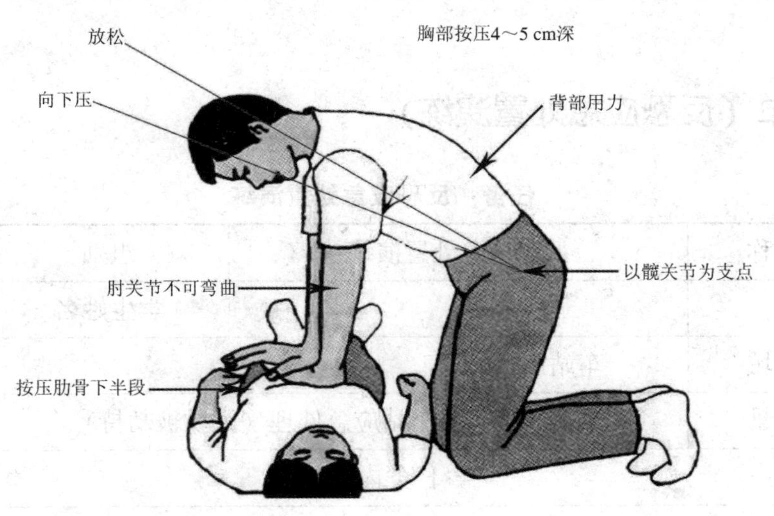

图 2－13　人工呼吸

</td></tr>
<tr><td colspan="2">完成本次任务后，归纳总结你应掌握的服务技巧：</td></tr>
<tr><td>项目</td><td>得分</td></tr>
<tr><td>完成本次任务后，你对自己的评分（满分 10 分）</td><td></td></tr>
<tr><td>各小组互评（满分 10 分）</td><td></td></tr>
</table>

续表

组内评分（满分 40 分） （1）运作是否规范 （2）程序是否正确 （3）操作是否熟练 （4）任务完成情况
教师评分（满分 40 分） （1）出勤 （2）安全 （3）纪律 （4）职业素养 （5）任务完成情况 （6）归纳总结情况
总分

任务单（反恐应急处置演练）

任务：反恐应急处置演练

实训名称	反恐应急处置演练	组别	
班级		学生姓名	
学习领域	车站工作处理		
学习情景	城市轨道交通车站应急处理（人质被劫持）		
任务内容			
情境	地点：城市轨道交通车站 人物：司机、行车调度员、售票员、站台值班员、站控室行车值班员、值班站长、公安局城市轨道交通总队值班员 场景：发生劫持人质事件		
演练 1	演练内容：发现与报告 司机："行车调度员，我是 0206 次列车司机，在卫星路下行时，列车上有 4 名歹徒持刀砍乘客，有乘客受伤。" 行车调度员："行车调度明白，到站后立即打开车门疏散乘客。" 行车调度员通知车站。		

续表

演练 1	行车调度员："卫星路站控室行车值班员，0206 次列车在卫星路下行站台，列车上有 4 名歹徒持刀砍乘客，有乘客受伤，立即启动反暴恐应急预案，疏散乘客。" 站控室行车值班员："卫星路站明白，立即启动反暴恐应急预案，疏散乘客。" 行车调度员报告公交总队值班员。 行车调度员："公安局城市轨道交通总队值班室，2 号线 0206 次列车在卫星路下行站台，列车上有 4 名歹徒持刀砍乘客，有乘客受伤，请求支援。" 公安局城市轨道交通总队值班员："明白，民警立即到现场支援。"
演练 2	演练内容：应急处置。 司机打开车门，并进行广播疏散乘客，"列车上有歹徒持刀砍人，请大家马上下车，听从车站工作人员指引，尽快离开车站。" 有乘客受伤，行车调度员命令启动反暴恐应急预案。 值班站长下令启动反暴恐应急预案，通知工作人员各就各位疏散乘客。 值班站长通知售票员立即按压自动售检票系统的紧急按钮，打开全部闸机，并要求站控室行车值班员广播疏散乘客，打 120 求援。 站控室行车值班员："车站所有乘客请注意，下行站台列车上有歹徒持刀砍人，请大家按车站工作人员指引疏散出站。" 站台值班员现场指挥乘客疏散。 站控室行车值班员："120，3 号线卫星路车站发生歹徒持刀砍人事件，请立即到现场救援。"

完成本次任务后，归纳总结你应掌握的服务技巧：

项目	得分
完成本次任务后，你对自己的评分（满分 10 分）	
各小组互评（满分 10 分）	
组内评分（满分 40 分） （1）参与小组讨论情况 （2）演练过程是否符合标准规范 （3）小组成员配合情况 （4）任务完成情况	

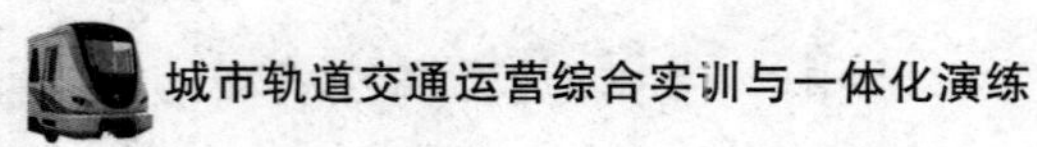

续表

教师评分（满分40分） （1）出勤 （2）安全 （3）纪律 （4）职业素养 （5）任务完成情况 （6）归纳总结情况	
总分	

案例分析（突发事件处理）

案例：

莫斯科时间2004年2月5日8点32分，距俄罗斯城市轨道交通汽车厂站约300 m的地下铁道中，一个安放在城市轨道交通第二节车厢的爆炸物突然爆炸，共造成39人死亡、134人受伤。

爆炸发生后，城市轨道交通列车随即停车，司机通过车内广播系统反复向每节车厢乘客通知“该铁道铁轨已经断电，请大家不要惊慌，尽快离开车厢”，并同时打开列车双侧车门，其中第一节车厢的乘客是沿着轨道步行走到下一站，而其余乘客则返回汽车厂站。当第一批乘客走上地面的时候，警车和救护车已赶到。

由于莫斯科城市轨道交通是20世纪30年代中期投入使用的，而城市轨道交通局从20世纪50年代开始就组织员工进行各种紧急状况的训练，基本每月进行一次训练，每季度至少组织一次近8 000名员工参加的实地演习。

另外，在2004年俄罗斯政府也编制了1.11亿卢布的预算用于加强莫斯科城市轨道交通的安全保卫工作。目前莫斯科城市轨道交通内的各个车站和走道中都安装摄影机，并将保留录影资料3天，同时，该计划也准备在未来将设备改为数字图像设备，以便使调度室有着及时观察任何一个车站的能力。除此以外，城市轨道交通当局还建立了专门为城市轨道交通训练演习的机构，以提高突发事件的应急处置能力。

案例分析：

在上述事件中，司机和乘客听从指挥，应急处置有条不紊，将伤亡和损失降到最低限度，同时，出事城市轨道交通线路在当晚即恢复运营，反映出俄罗斯公民较高的公共安全素养。

俄罗斯政府还注重及时发布权威信息，主导舆论。最近几年，俄罗斯飞机失事、城市轨道交通爆炸、市场爆炸等突发事件频繁发生，俄罗斯警方、紧急情况部等部门官员基本能在第一时间出面发布权威信息，制止了谣言和社会恐慌的扩散，在很大程度上掌握了工作的主动权。

项目三　车站行车运营管理

项目描述

城市轨道交通运营的行车管理中，如何进行行车组织，如何进行调度指挥都是保障行车安全的重要环节。城市轨道交通行车值班员是车站掌握中枢控制系统的工作人员，其工作保证了城市轨道交通列车的运行安全和正点。行车值班员负责对行车组织、设备、车辆检修、设备运行管理、安全保障等环节的集中调度、统一指挥。行车调度系统是一个多专业、多工种配合工作、围绕安全行车这一中心而组成的有序联动、时效性极强的系统。

实训目标

（1）掌握城市轨道交通行车管理的方式方法。

（2）掌握城市轨道交通的客运服务管理。

实训设备

（1）相关设备。

调度电话、无线对讲、闸机、安检机、信号旗、信号灯、钩锁器、荧光背心。

（2）实训场地。

校内运营综合实训室。

理论基础

一、城市轨道交通行车值班员的概念

在城市轨道交通系统中，专门有一个岗位负责对外发布行车和客运的各种信息。这个岗位的工作人员通过车站广播、车站闭路监视系统，以及各种车站设备仪

器来传递信息，协调各部门各工种之间的工作，他就是城市轨道交通站控室行车值班员，是负责城市轨道交通车站设备的控制、城市轨道交通车站行车和客运组织的人员。

行车值班员工作场景如图3－1所示。

图3－1　行车值班员工作场景

二、城市轨道交通行车值班员的职责

行车值班员一般是分为四班制来进行工作的，有的城市轨道交通企业为四班三运转，有的企业为四班两运转，实行综合工时制度。在交接班的时候，要遵守“三交，三不交”的原则，分别是交调度命令、交有关指示、交备品备件，以及一次作业未完成不交、备品备件不齐不交、车控室卫生不清不交，以此来保证这个工作的有序性和实效性。他要时刻关注站控室的各种仪器显示的指标和数据。一旦发现问题，要及时向相关部门发送信息，进行排解。他要负责日常城市轨道交通车站行车指挥管理工作，当发生突发事件时，负责现场指挥和信息汇报工作，安排站务人员到现场确认具体工作，并向值班站长汇报有关情况。

三、城市轨道交通行车值班员的工作范围

城市轨道交通行车值班员一般要定时地观察站控室的站点照明及自动扶梯监控系统是否正常运行。如果发现站点某处的照明或者自动扶梯出现问题，应立即通知维修部门及时进行维修。同时，要通过车站闭路监视系统和售检票控制系统，了解列车进出站情况及客流的情况，判断是否出现列车运能不足或者过剩，这样可以通知控制指挥中心相应地增加或者减少列车运行班次。他还要时刻通过列车自动广播系统，发布列车到站、列车目的地、车站出入口和天气提示等相关信息，也可以提供特殊情况下的广播找人，

失误招领等信息。在车站站厅、站台的电视屏幕信息，也是由行车值班员通过自动广播系统发布的。与此同时，行车值班员要通过专门的仪器观察列车的运行情况，如果发现列车运行故障或者是列车轨道岔道出现故障，则应立即采取相应措施，汇报情况，通知维修部门立即进行处理，保证列车正常正点运行。行车值班员的工作并不是按部就班的，他需要时刻高度集中思想，遇到特殊问题及时进行处理。例如在防盗监控系统中，如果存放钱款的编码室发生盗窃或者其他突发事件，防盗监控器会把报警信息传达给行车值班员，这时他要立即报警或者采取其他相应措施；在站控室的角落还有一个特别重要的系统，这就是紧急疏散系统，如果车站内发生火灾、爆炸等紧急情况时，行车值班员要立即按下紧急疏散按钮，及时疏散车站乘客。

四、行车相关准备

1. 运营前工作

运营前30分钟，车站做好运营设备、人员的检查和准备工作，完成后，行车值班员向行车调度员汇报。值班站长携带无线行车调度电台到站台等部位进行检查。

（1）检查确认运营线路施工结束、线路出清，无异物侵入站台线路限界。

（2）对每侧的屏蔽门门灯显示情况进行确认，发现异常及时上报。

（3）各站通过试用、检查、确认车站无线行车调度电台正常，检查、确认行车备品正常。

（4）各站与行车调度核对运营时刻表、日期和钟表时间。

（5）值班站长确认各岗位正常到岗。

2. 站台接车工作

（1）监控乘客候车动态，防止乘客越出黄色安全线，同时引导乘客往人较少的地方候车。

（2）监控屏蔽门状态，发现屏蔽门异常动作等危及行车安全的情况时，立即按压紧急停车按钮并上报。

3. 其他工作

（1）报点。

正常情况下，车站向行车调度员报点。

（2）接收行车调度员命令。

车站要注意行车调度员命令的接收。

（3）行车标准用语。

①受话者必须在对话前先报自己的岗位名称。对于交代的任务必须复诵，禁止用“明白”代替。

②行车用话必须使用普通话（禁止用方言），吐字清晰，语速适中。

（4）对行车调度员的标准用语如下。

①向行调报点。正常时为××站报点××次××时××分（通过、开）；晚点时为××站××次因××原因××时××分（到、开）。

②列车在站内故障：××站××次车，站内故障。

③列车在信号机前停车：××次××信号机前停车。

五、行车闭塞法

1. 行车闭塞法概述

1）闭塞的概念

为了确保列车在区间内的运行安全，列车由车站向区间发车时，必须确认区间内没有列车，并需遵循一定的规律组织行车，以免发生列车正面冲突或追尾等事故。这种为保证列车运行的安全，在组织列车运行时，通过设备或人工控制，使连续发出的列车保持一定间隔距离安全行车的办法，称为行车闭塞法，简称闭塞。

区间行车组织的基本方法，一般有以下两种：一类是时间间隔法，即是列车按照事先规定好的时间由车站发车，使前行列车和追踪列车之间必须保持一定时间间隔的行车方法；另一类是空间间隔法，即把线路划分为若干个段落（区间或分区），在每个段落内同时只准许一列列车运行，使前行列车和追踪列车之间必须保持一定距离的行车方法。我国的轨道交通线路以车站为分界点划分为若干区间，采用区间作为列车运行的空间间隔。时间间隔法因追踪列车不能确切地得到前行列车的运行状况，所以不能确保列车在区间的运行安全，在我国已不再使用该种行车方法。空间间隔法能严格地把列车分隔在两个空间，可以有效地防止列车追尾和正面冲突事故的发生，确保列车运行安全。这是我国目前所采用的行车组织的基本方法，通常所说的闭塞就是基于空间间隔的闭塞方法。

2）闭塞区间的划分

在城市轨道交通线路上采用的闭塞方式不同，闭塞区间的划分也不相同。采用站间闭塞时，在单线上以两个车站的进站信号机机柱的中心线为车站与区间的分界线；在双线或多线上，分别以各线路的进站信号机机柱或站界标的中心线为车站与区间的分界线。两站间的线路区段称为站间区间。采用大区间闭塞时，并非所有的车站都是闭塞区间的分界点，通常根据作业需要将某些大站（或重要车站）设置为闭塞区车站，两闭塞区车站之间的线路区段称为大区间，其他车站则为大区间内的闭塞分区分界点。采用移动闭塞时，是以同方向保持最小运行间隔的前行列车尾部和追踪列车头部为活动闭塞区间的分界线。区间与站内的划分，是行车组织工作的一项重要内容，也是划定责任范围的依据。列车进入不同地段时必须取得相应的凭证或准许，在我国，列车占用区间的凭证通常为车站出站信号机的准许显示或目标点和速度码。

3）闭塞制式

闭塞就是用信号或凭证，保证列车按照空间间隔制运行的技术方法。空间间隔制就是前行列车和追踪列车之间必须保持一定距离的行车方法。从各种不同的角度，闭塞可以有各种不同的分类，总的来说可分为站间闭塞和自动闭塞两大类。

（1）站间闭塞。站间闭塞就是两站间只能运行一列车，其列车的空间间隔为一个站间。按技术手段和闭塞方法又可分为：电话闭塞、路签闭塞、路牌闭塞、半自动闭塞、自动站间闭塞。电话闭塞是一种备用闭塞。路签闭塞和路牌闭塞在我国已经淘汰。半自动闭塞就是人工办理闭塞手续，列车凭信号显示发车后，出站信号机自动关闭的闭塞方法，其特征为：站间只准走行一列车；人工办理闭塞手续；人工确认列车完整到达

和人工恢复闭塞。自动站间闭塞就是在有区间占用检查的条件下，自动办理闭塞手续，列车凭信号显示发车后，出站信号机自动关闭的闭塞方法，其特征为：有区间占用检查设备；站间区间只准走行一列车；办理发车进路时自动办理闭塞手续；自动确认列车到达和自动恢复闭塞。

（2）自动闭塞。自动闭塞就是根据列车运行及有关闭塞分区状态自动变换信号显示，而司机凭信号行车的闭塞方法。其特征为：把站间划分为若干闭塞分区，有分区占用检查设备，可以凭通过信号机的显示行车，也可凭机车信号或列车运行控制的车载信号行车；站间能实现列车追踪；办理发车进路时自动办理闭塞手续，自动变换信号显示。从保证列车运行而采取的技术手段角度来看，自动闭塞可分两大类：传统的自动闭塞和装备列车运行自动控制系统的自动闭塞。

①传统的自动闭塞。传统的自动闭塞属固定闭塞的范畴，一般设地面通过信号机，装备有机车信号，保证列车按照空间间隔制运行的技术方法是用信号或凭证来实现的。传统的自动闭塞通常就称自动闭塞，因为要与装备列车运行控制的自动闭塞相区分，故冠以传统的自动闭塞之称。目前，传统的自动闭塞一般适用于列车最高运行速度在 160 km/h 及以下的情况，它可分为：三显示自动闭塞、四显示自动闭塞、多信息自动闭塞。

②装备列车运行控制自动的自动闭塞。列车运行自动控制系统（简称列控系统）保证列车按照空间间隔制运行的技术方法是靠控制列车运行速度的方式来实现的。从闭塞制式的角度来看，装备列车运行控制的自动闭塞可分为三类：固定闭塞、准移动闭塞（含虚拟闭塞）和移动闭塞。准移动闭塞不是移动闭塞，所以有时仍把它归入固定闭塞。固定闭塞：列控系统采取分级速度控制模式时，采用固定闭塞方式。运行列车间的空间间隔是若干个闭塞分区，闭塞分区数依划分的速度级别而定。一般情况下，闭塞分区是用轨道电路或计轴装置来划分的，它具有列车定位和占用轨道的检查功能。固定闭塞的追踪目标点为前行列车所占用闭塞分区的始端，后行列车从最高速开始制动的计算点为要求开始减速的闭塞分区的始端，这两个点都是固定的，空间间隔的长度也是固定的，所以称为固定闭塞。准移动闭塞：准移动闭塞方式的列控系统采取目标距离控制模式（又称连续式一次速度控制）。目标距离控制模式根据目标距离、目标速度及列车本身的性能确定列车制动曲线，不设定每个闭塞分区速度等级，采用一次制动方式。准移动闭塞的追踪目标点是前行列车所占用闭塞分区的始端，当然会留有一定的安全距离，而后行列车从最高速开始制动的计算点是根据目标距离、目标速度及列车本身的性能计算决定的。目标点相对固定，在同一闭塞分区内不依前行列车的走行而变化，而制动的起始点是随线路参数和列车本身性能不同而变化的。空间间隔的长度是不固定的，由于要与移动闭塞相区别，所以称为准移动闭塞。虚拟闭塞：是准移动闭塞的一种特殊方式，它不设轨道占用检查设备，采取无线定位方式来实现列车定位和占用轨道的检查功能，闭塞分区是以计算机技术虚拟设定的，仅在系统逻辑上存在有闭塞分区和信号机的概念。虚拟闭塞除闭塞分区和轨旁信号机是虚拟的以外，从操作到管理等，都等效于准移动闭塞方式。虚拟闭塞方式有条件将闭塞分区划分得很短，当短到一定程度时，其效率就接近于移动闭塞。移动闭塞：移动闭塞是全球铁路及轨道交通信号界公认的最先进

的信号系统，国际上已有不少城市开始采用这种新技术对现有的城市轨道交通列车控制系统进行更新，我国武汉轨道交通一号线、广州城市轨道交通三号线等城市轨道交通线路也采用了移动闭塞。该技术的应用，对保证行车安全、缩短列车运行间隔、提高线路通过能力均可起到重要作用，也给运营部门带来良好的经济效益和社会效益。因此，采用移动闭塞方式是城市轨道交通发展的一种趋势。

2. 传统的自动闭塞

(1) 传统自动闭塞设备的特点及使用。

①传统自动闭塞就是根据列车运行及有关闭塞分区状态自动变换信号显示，而司机凭信号行车的闭塞方法。它可分为：三显示自动闭塞、四显示自动闭塞、多信息自动闭塞。三显示自动闭塞就是通过信号机具有三种显示，能预告列车前方两个闭塞分区状态的自动闭塞，其特征为：通过信号机具有三种显示，能预告列车前方两个闭塞分区状态，分两个速度等级，一个闭塞分区的长度满足从规定速度到零的制动距离。四显示自动闭塞就是通过信号机具有四种显示，能预告列车前方三个闭塞分区状态的自动闭塞，其特征为：通过信号机具有四种显示，能预告列车前方三个闭塞分区状态，分三个速度等级，两个闭塞分区的长度满足从规定速度到零的制动距离。多信息自动闭塞也称多显示自动闭塞，是对四显示及以上自动闭塞的统称。多于四显示时，往往地面通过信号机不具备多显示的条件，而以机车信号显示为主。

②自动闭塞设备的使用在采用传统自动闭塞方式时，车站进站信号机和出站信号机的开放，需行车值班员在控制台上操纵。双线自动闭塞区段的车站发车时，行车值班员不需办理闭塞手续，在发车进路准备妥当后，从控制台上确认区间空闲符合发车条件时，即可开放出站信号机发车。为使接车站做好接车准备，应向接车站通报列车车次、出发时刻及有关注意事项。单线自动闭塞区段车站发车时，发车站得到行车调度员准许后，按下发车按钮，该列车运行方向的发车表示灯及接车站的接车表示灯亮灯，行车值班员即可开放出站信号机发车。列车到达后，接车站的接车表示灯和发车站的发车表示灯均熄灭，表示区间空闲。

(2) 自动闭塞区间行车办法。

采用传统自动闭塞方式，列车进入闭塞区间的行车凭证为信号机的准许信号显示。在三显示区段，列车进入闭塞分区的凭证为出站或通过信号机的黄色灯光或绿色灯光。为确保客运列车的安全，对客运列车及跟随客运列车后面在车站通过的列车，只准在出站信号机显示绿色灯光的条件下从车站出发或通过。在四显示区段，列车进入闭塞分区的凭证为出站或通过信号机的黄色灯光、绿黄色灯光、绿色灯光。对客运列车及跟随客运列车后面通过的列车，进入闭塞分区的凭证为出站信号机的绿黄色灯光或绿色灯光，但特快旅客列车由车站通过时为出站信号机的绿色灯光。三显示自动闭塞中，黄灯是注意信号，表示运行前方有一个闭塞分区空闲，一个闭塞分区的长度能满足从规定速度到零的制动距离，可以越过黄灯后再开始制动。四显示自动闭塞中，绿黄灯是警惕信号，表示运行前方有两个闭塞分区空闲，两个闭塞分区的长度满足从规定速度到零的制动距离，可以越过绿黄灯后再开始减速，黄灯是限速信号，列车越过黄灯时必须减速至规定的限速值，不然就难以保证在下一个红灯前可靠停车。

3. 移动闭塞

在城市轨道交通中，移动闭塞是一种采用先进的通信、计算机、控制技术相结合的列车控制技术，所以国际上习惯称为基于通信的列车控制系统（communication based train contrl，CBTC）。

1）移动闭塞的概念

移动闭塞（moving block，MB）是相对于固定闭塞而言的。固定闭塞有固定的闭塞分区，移动闭塞与固定闭塞相比最显著的特点是取消了以通过信号机分隔的固定闭塞分区。列车间的最小运行间隔距离由列车在线路上的实际运行位置和运行状态确定，闭塞分区随着列车的行驶，不断地向前移动和调整，所以称为移动闭塞。移动闭塞的线路取消了物理层次上的闭塞分区划分，而是将线路分成了若干个通过数据库预先定义的线路单元，每个单元长几米到几十米不等。移动闭塞分区即由一定数量的线路单元组成，单元的数目可随列车的速度和位置而变化，分区的长度也是动态变化的。移动闭塞方式的列控系统采取目标距离控制模式（又称连续式一次速度控制）。目标距离控制模式根据目标距离、目标速度及列车本身的性能确定列车制动曲线，采用一次制动方式。移动闭塞的追踪目标点是前行列车的尾部，当然会留有一定的安全距离，后行列车从最高速开始制动的计算点是根据目标距离、目标速度及列车本身的性能计算决定的。目标点是前行列车的尾部，与前行列车的走行和速度有关，是随时变化的，而制动的起始点是随线路参数和列车本身性能不同而变化的。空间间隔的长度是不固定的，所以称为移动闭塞。移动闭塞一般是采用无线通信和无线定位技术来实现的。

2）移动闭塞的基本要素

在移动闭塞技术中，闭塞分区仅仅是保证列车安全运行的逻辑间隔，与实际线路并无物理上的对应关系，因此，移动闭塞在设计和实现上与固定闭塞有比较大的区别。其中列车定位（train position）、安全距离（safety distance）和目标点（target point）是移动闭塞技术中最重要的三个概念，可以称为移动闭塞的三个基本要素。

（1）列车定位。在固定闭塞和准移动闭塞中有轨道电路或计轴等设备作为闭塞分区列车占用的检查，就能粗略地进行列车定位，再配以测速、测距就能较细地进行列车定位，最多再加应答器校准坐标。在移动闭塞中没有轨道电路等设备作为闭塞分区列车占用的检查，被控对象基本处于动态过程中，只有了解所有列车的具体位置，以何种速度运行等信息，才能实施对列车的有效控制，所以列车定位技术在移动闭塞系统中就显得更为重要。列车定位由地面设备和车载设备共同完成。列车定位信息的主要作用是：为保证安全列车间隔提供依据，CBTC系统对在线的每一列车，能计算出距前行列车尾部的距离，或距进站信号点的距离，从而对它实施有效的速度控制，作为列车在车站停车后打开车门及屏蔽门的依据。目前，在列车自动控制系统中得到应用的列车定位技术主要有：测速定位法、查询—应答器法、交叉感应线圈法、卫星定位法。测速定位法的原理是在车轮外侧安装光栅，按车轮旋转次数与转角计算出列车的位移。查询—应答器法是在线路上按一定间隔设置应答器，应答器内存储了其所在位置的公里标，列车经过时读取位置信息。交叉感应线圈法是在线路上敷设轨道电缆，将轨道电缆每隔一定距离交叉一次，利用交叉回线，列车可测算出自己的位置。卫星定位法，如全球定位系统

(global positioning system，GPS）和北斗卫星导航系统（beidou navigation satellite system，BDS）都是利用导航卫星进行测时和测距，从而实现全球定位功能。另外，还有多普勒雷达法、无线扩频列车定位、惯性列车定位、航位推算系统定位、漏泄波导法、漏泄电缆法，等等。

（2）安全距离。安全距离是后续追踪列车的停车点与其前方障碍物之间的一个固定距离。障碍物可以是确认了的前行列车尾部的位置或者无道岔表示（道岔故障）的道岔位置。该距离是基于列车安全制动模型计算得到的一个附加距离，它保证追踪列车在最不利条件下能够安全地停止在前行列车的后方，不发生冲撞，所以安全距离是移动闭塞系统中的关键，是整个系统设计的理论基础和安全依据。移动闭塞基本原理为：线路上的前行列车经 ATP 车载设备将本车的实际位置，通过通信系统传送给轨旁的移动闭塞处理器，并将此信息处理生成后续列车的运行权限，传送给后续列车的 ATP 车载设备。后续列车与前行列车总是保持一个“安全距离”。该安全距离是介于后车的目标停车点和确认的前车尾部之间的一个固定距离。在选择该距离时，已充分考虑了在一系列最坏情况下，列车仍能够被安全地分隔开来。

（3）列车运行的行车凭证——目标点。

目标点是列车运行的行车凭证，如同固定闭塞系统中的允许信号，列车只有获得了目标点，才能够向前移动。目标点通常是设在列车前方一定距离的某个位置点，一旦设定，即表明列车可以安全运行至该点，但不能超过该点。移动闭塞系统就是通过不断前移列车的目标点，引导列车在线路上安全运行。

4. 电话闭塞

电话闭塞是当基本闭塞设备不能使用时，由区间两端站的行车值班员利用站间行车电话以发出电话记录号码的方式办理闭塞的一种方法。电话闭塞不论单线或双线，均按站间区间办理。由于没有机械、电气设备控制，全凭制度约束来保证行车安全，因此办理手续必须严格。为保证同一区间在同一时间内不会用两种闭塞法，在停用基本闭塞法改按电话闭塞法或恢复基本闭塞法时，均须行车调度员下达调度命令后方准采用。

当遇有下列情况时，须改用电话闭塞法行车。

（1）基本闭塞设备发生故障时。

（2）无双向闭塞设备的双线区间反方向发车或改按单线行车时无双向闭塞设备的双线区间反方向发车只能改变电话闭塞进行。当无双向闭塞设备的双线区间的一条正线因施工或其他原因封锁，另一条正线改按单线行车时，虽然该正线正方向闭塞设备能使用，但由于该正线的反方向无闭塞设备，如果对该线路正方向与反方向运行的列车采用不同的闭塞方法，不但增加了行车调度员发布变更或恢复基本闭塞法命令的次数，而且车站办理时容易出现错误。因此，双线改按单线行车时，上、下行运行的列车均须改用电话闭塞。

（3）列车由区间折回。

（4）施工列车或轨道车运行。遇列车调度电话不通时，闭塞法的变更或恢复，应由该区间两端站的车站值班员确认区间空闲后，直接以电话记录办理。使用电话闭塞法行车时，列车占用区间的行车凭证，不论单线或双线均为路票。

5. 城市轨道交通电话闭塞法行车规定

（1）运营期间由自动闭塞转为电话闭塞法的作业准备流程。

①行车调度员组织电话闭塞法区段内所有列车运行至车站站台停车待命。如列车停于区间，行车调度员在确认前方站具备接车条件后，令停于区间的列车以人工限制向前方式，限速 20 km/h 运行至前方车站停车待命。如同一区间停有多列列车，调度需令列车逐列运行至车站停车待命。

②调度待实施电话闭塞的区段内所有列车位置均停至站台待命后，与实施电话闭塞法区段内的所有列车司机、行车值班员复核确认列车所在位置。

（2）实施电话闭塞法的作业流程。

①行车值班员确认路票填写正确，发车进路办理妥当后，由站台值班员将路票交至司机，并向司机显示发车手信号。

②司机收到路票，确认路票填写正确，然后根据发车手信号动车运行至下一车站（场、段）。

③列车司机根据停车手信号显示停车，如无站台值班员显示停车手信号则按规定停车位置停车并向行车调度员汇报。

6. 电话闭塞法作业要求

（1）列车运行速度。

列车运行速度遵循以下速度规定：列车区间运行限速 40 km/h（经过设备限速低于 40 km/h 区段时，按设备限速规定速度运行）。

①出入场限速 20 km/h（经过道岔区段限速 20 km/h，进、出车站限速 20 km/h）。

②遇 400 m 及以下半径的弯道等瞭望条件不良的区段时，以不高于 30 km/h 的速度通过。

③调度可根据线路实际运营情况，以调度命令的形式对列车区间运行限速进行调整。

（2）列车定位的要求。

在运营期间实施电话闭塞法时，各岗位应进行列车定位，确认电话闭塞法区段内列车的位置。

故障区段内列车司机确认列车当前所处位置，并主动向行车调度员汇报列车当前位置，当无线通信设备占用无法联系时，司机应通过其他通信手段向行车调度员汇报。

（3）路票的作业要求。

①路票必须具备电话记录号码、车次号、方向、行车专用章、值班员签名、日期、调令号码、列车限速要求八要素填写完整。

②路票填写不得擅自增添字句或涂改，否则应视为废票，须重新填写，行车值班员须在路票正面对角画“×”、反面手写“作废”字样。并注明作废原因，从上部撕口后整理保存。

③司机在接到路票后须对路票进行确认，准确无误后按规定行车。

④列车到达接车站后，行车值班员应及时收回路票，在路票正面对角画“×”以示注销，从上部撕口后整理保存。

⑤路票填写的日期以接车站承认闭塞的时间为准，零时前办理的闭塞，列车司机如在零时后收到路票，仍视为有效。

(4) 发现错误路票及行车凭证丢失的规定。

①司机在车站发车前发现错误路票时，严禁动车，并将错误路票退还车站。车站回收错误的路票，重新填写正确的路票。

②司机在发车后发现错误路票时，应立即停车并报告行车调度，后按行车调度指令运行，将错误路票交至接车站。

③司机取得路票并确认正确后，如在途中丢失路票，可继续运行至接车站，将情况报告接车站行车值班员和行车调度员，行车值班员应在《车站（场）生产日志》上记录说明。

(5) 列车采用电话闭塞法反向运行时，除按电话闭塞流程办理外，还须在备注栏中注明“反向运行”，并在路票左上角加盖反向章。

(6) 在实施电话闭塞法时，电话闭塞法区段内列车调车折返作业应根据车站调车手信号，办理调车折返作业。

(7) 电话闭塞法的实施、取消应以书面调度命令的形式下发至行车值班员及司机。

路票样张如图 3 –2 所示。

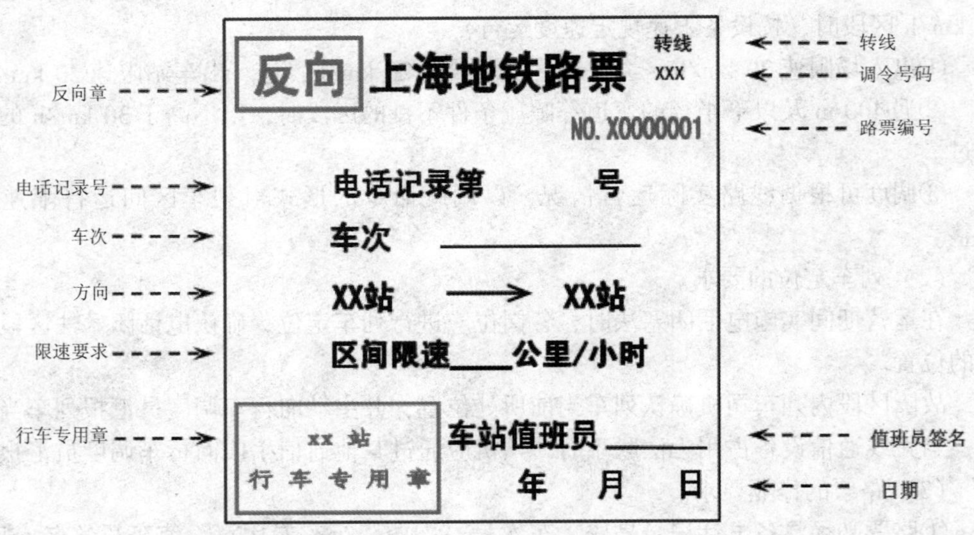

图 3 –2　路票样张

六、关于城市轨道交通列车上下行

城市轨道交通线路在制定行车组织规则时，原则上按线路走向划分上下行线，东西走向的线路，相对于两个终端站，往东为上行/往西为下行；南北走向的线路，相对于两个终端站，往北为上行/往南为下行；环线线路，外环为上行/内环为下行。

组织安排

（1）对学生进行分组，每个组再细分成乘客组、工作人员组和评判组。

（2）各小组从教师准备的任务单和案例库中抽取若干个任务和案例进行演练和分析。

（3）由评判组对演练效果进行评价。

（4）考核完成后填写实训报告，由指导老师和评判组根据项目评分标准进行评分。

实训步骤

一、电话闭塞法行车作业标准

（1）实行电话闭塞法时车站须启用列车占用表示牌。

（2）实行电话闭塞法时优先采用站后折返。

（3）实行电话闭塞法时，采用大小交路独立运营方式。

（4）车站向行车调度员报点时，大于 30 s 向前进一位，小于 30 s 舍弃，车站间按实际时间报点，报到秒。

（5）行车工作联系必须使用标准用语。

（6）车站安排主副两名扳道员，主扳道员负责操作完成后的道岔位置确认、尖轨密贴及钩锁器是否锁到位并在规定位置显示手信号。

二、电话闭塞前的准备作业

1. 发现联锁故障

（1）行车调度员。

①扣停受故障影响列车于就近站台，通知全线区间运行列车限速 25 km/h 运行。

②通知全线列车司机和车站：“××时××分，××站到××站准备改用电话闭塞。”

③在具备提前下路轨办理进路的条件时，行车调度员可授权车站下路轨提前办理进路。

④与车站和司机确认联锁故障区列车位置和车次。

⑤做好行车记录。

（2）电话闭塞区段各站值班站长。

①接行车值班员汇报后，指定两名胜任人员到站控室向行车值班员汇报。

②有岔站须通知兼职扳道的站台值班员下路轨准备进路。

③落实两名列车监控员监控上行列车。

④联锁站须指定一名胜任人员担任助理行车值班员，对行车值班员作业进行监督。

（3）电话闭塞各站行车值班员。

①通知值班站长故障情况，启用列车占用表示牌。

②向行车调度员报告本站列车占用情况和车次，与行车调度员确认车站前后区间列车占用情况。并摆挂好列车占用表示牌，做好行车记录。

③中间有岔站须向行车调度员申请下路轨，将与正线连接的道岔使用钩锁器锁定于定位。

④折返站须向行车调度员申请下路轨现场办理进路。

（4）司机。

制动停车，向行车调度员报列车位置和车次，按行车调度员指示或调度命令动车。

2. 改用电话闭塞法行车

（1）行车调度员。

①安排迫停于区间的故障列车限速 25 km/h 运行至前方站停车。

②在与行车值班员和司机确认电话闭塞区段列车位置和车次，并保证电话闭塞区段列车全部停于车站后，发布改用电话闭塞法行车命令。

（2）电话闭塞各站行车值班员。

①接受行车调度员改用电话闭塞法行车的命令。

②确认发车进路空闭后，向前方站请求闭塞。

（3）司机。

接收车站转交的调度命令，凭路票进入闭塞区间，按发车信号发车。

三、电话闭塞法中间站接发车作业过程

1. 确认区间空闲

1）发车站

（1）行车值班员。

复诵站台值班员报告的内容，向接车站请求闭塞。

（2）站台值班员。

检查线路空闲，道岔位置正确后向行车值班员汇报。

2）接车站

（1）行车值班员。

①听取发车站发车请求闭塞。

②与站台值班员确认接车进路空闲。

③复诵站台值班员汇报内容，确认前次列车从本站出发，区间空闲，接车线路空闲，道岔已锁闭在正确位置。

（2）站台值班员。

检查线路空闲，道岔位置正确后向行车值班员汇报。

2. 办理闭塞

1）发车站

行车值班员。

①使用发车站闭塞用语。

②得到接车站“正确”回复后，填写行车日志。

2）接车站

行车值班员。

①承认发车站闭塞。

②回答“正确”。

3. 办理闭塞手续

(1) 发车站行车值班员。

①向站台值班员发布路票内容。

②回答正确。

(2) 发车站站台值班员。

手填路票并复诵。

4. 发车作业

1）发车站

(1) 行车值班员。

①复诵发车通知。

②向接车站报点。

③听取复诵无误回答“正确”，摘挂列车占用表示牌。

④向发车站报到发点。

(2) 站台值班员。

①与司机交接路票，先接后交。

②在指定地点向司机显示发车信号。

③目送列车出清站台向行车值班员报点。

(3) 司机。

①列车到站停稳后，司机开车门。

②待停站时间已到，司机关车门。

③司机确认车门屏蔽关好，与站台值班员交接路票。

④司机确认发车信号后上车关司机室门动车。

2）接车站

(1) 行车值班员。

①复诵发车站报点。

②通知站台值班员准备上行接车，摘挂列车占用表示牌。

(2) 站台值班员。

复诵并到指定位置接车。

5. 接车作业

(1) 接车站行车值班员。

复诵并摘挂列车占用表示牌。

（2）接车站站务员。

列车进站停车后向行车值班员报点。

（3）司机。

列车到站停稳后，司机开门。

评价考核

（1）各岗位人员应该明确自己的任务，动作到位，标准规范。

（2）接发车时凭手信号发车。

（3）填写路票时应有严格的车次、方向、印章、签字和时间。

（4）在接发列车的过程中，注意每一步应该有摘挂列车占用牌。

学习引导文

一、列车在区间临时故障停车的处理

列车在区间停留，会延误大量后续列车的运行，造成大面积晚点，影响城市轨道交通企业形象。同时列车停在区间，尤其在地下隧道内，容易引起车上乘客恐慌，情绪不稳。所以，当列车由于故障停在区间时，应积极采取措施尽快恢复运行。

1. 司机的处理

列车由于故障在区间停车时，司机应立即报告控制指挥中心行车调度员，然后对列车进行检查，初步判断故障后着手处理，并随时向行车调度员报告处理进程。

2. 车站的处理

接到列车在区间故障需要疏散乘客的命令后，派人携带必要的备品进入区间，协助司机清客，引导乘客安全返回车站。

3. 行车调度员的处理

接到司机的故障报告后，提出处理意见，辅助司机进行故障的判断和排除。

二、乘客物品掉落轨道的处理

城市轨道交通车站未安装屏蔽门/安全门，或屏蔽门/安全门发生故障时会发生乘客携带物品坠落至轨道的事件，此时要视掉落的物品是否影响行车尽快处理。

1）站台工作人员（站台值班员或保安）

（1）立即赶往现场查看掉落物品是否影响正常行车并及时向行车值班员报告。若该车站未安装屏蔽门/安全门，站台岗员工应立即安抚、告知乘客“请勿擅自跳下轨道，工作人员会尽快妥善处理”。如掉落物品不影响正常行车，应告知乘客车站将择机派人下轨道拾回物品，安抚乘客耐心等待，并协调好领取物品事宜。

（2）立即到现场查明情况，向站控室汇报情况。如影响行车，则按压紧急停车按钮。

（3）到监控亭拿夹物钳、隔离带到现场，隔离相关区域。

（4）得到值班站长指示后，用钥匙打开该处屏蔽门，将物品夹起。夹不起的物品，从站台两端的楼梯或使用下轨梯进入轨道拾回物品。

（5）将物品取回后，确认线路出清，得到值班站长指示后，恢复屏蔽门/安全门的使用，撤回隔离，并向行车值班员汇报。

2）行车值班员

（1）接到站台值班员通知后，立即向值班站长汇报情况，通知其他站台值班员到现场协助处理，并向行车调度员汇报有关情况。

（2）与站台保安或站台值班员确认后，向行车调度员汇报物品是否影响行车。

（3）接到值班站长的通知，向行车调度员汇报有关情况，并要点（时间段）处理。

（4）经行车调度员批准后，通知站台值班员按动紧急停车按钮，并做好防护；通知值班站长可以实施处理。

（5）线路出清后，报告行车调度员销点，通知站台值班员按压取消紧急停车按钮，恢复正常运营。

3）值班站长

（1）接行车值班员报告后，立即到现场查看有关情况。

（2）确定物品是否可以用夹物钳夹起，并预计所需时间。

（3）将情况通报站控室，要求行车值班员向行车调度员请点处理；通知站台保安或站台值班员去监控亭拿夹物钳、隔离带到现场隔离该处屏蔽门，准备拾物；通知站台值班员（支援）去监控亭拿信号灯到站台尾端墙做好防护准备。

（4）行车调度员同意清点后，通知站台值班员做好防护。

（5）如行车调度员不同意运营时间处理，则登记乘客详细资料，待物品取出后通知乘客领取。

（6）做好防护后通知站台保安及站台值班员将物品夹起，并疏散围观乘客。

（7）物品夹起后通知站台保安及站台值班员撤回隔离，恢复屏蔽门的使用，通知站台值班员（支援）收回防护信号。

（8）确认线路出清向站控室报告。

（9）做好相关记录，将物品归还乘客。

4）站台值班员（支援）

（1）接到行车值班员通知后，立即到现场协助处理。

（2）接值班站长通知后去监控亭拿信号灯到站台尾端墙做好防护准备。

（3）得到值班站长指示后在尾端墙手持信号灯做好防护。

（4）得到值班站长指示后收回防护信号。

5）行车调度员

（1）接到通知后，如物品影响行车，则扣停后续列车，安排车站取出物品。

（2）如物品不影响行车，根据行车间隔和车站请点要求，做出适当安排。

三、城市轨道交通手信号

城市轨道交通手信号是行车人员通过直接采用信号旗或信号灯的方式下达指示列车

行车的各种命令。

1. 手信号的适用范围

（1）电话闭塞法行车。

（2）列车站间运行时，道岔防护信号机无法开放。

（3）列车调车作业时，道岔防护信号机无法开放或调车信号机无法开放。

（4）发生危及行车安全情况时。

2. 常用手信号显示含义

（1）发车手信号：指示列车发车，进入区间。

（2）停车手信号：指示列车在该停车信号前方停车。

（3）调车手信号：表示调车进路（含防护进路）准备妥当，道岔已至规定位置并锁闭，准许列车运行至调车作业终点停车位置。

（4）调车作业：列车办理非站至站的运行为调车作业。

（5）紧急停车信号：紧急情况下指示列车或车辆立即停车，要求司机立即采取停车措施。

3. 手信号作业标准

（1）发车手信号。

①含义：指示列车发车，进入区间。

②显示地点：站台发车端列车驾驶室侧窗旁安全位置。

③显示时机：确认发车条件具备。

④收回时机：列车启动。

⑤显式方式：右手持绿色信号灯/展开的绿色信号旗面对司机做顺时针圆形转动。

（2）停车手信号。

①含义：指示列车在该停车信号前方停车。

②显示地点：来车方向站台发车端端头。

③显示时机：看见列车头部灯光。

④收回时机：列车至规定停车位置停稳。

⑤显式方式：面向来车方向，手（轨道侧）持红色信号灯/展开的红色信号旗平举。

（3）调车手信号。

①含义：表示调车进路（含防护进路）准备妥当，道岔已至规定位置并锁闭，准许列车运行至调车作业终点停车位置。

②显示地点：调车进路首架信号机处安全位置。

③显示时机：确认全进路办理完毕，动车条件具备。

④收回时机：列车头部越过显示地点。

⑤显式方式：面向来车方向，右手持黄（白）色信号灯/展开的黄色信号旗高举头上左右摇动。

（4）紧急停车手信号。

①含义：紧急情况下指示列车或车辆立即停车，要求司机立即采取停车措施。

②显示地点：危及行车安全事发点处迎来车方向安全位置。

③显示时机：发现危及行车安全的紧急情况时。

④收回时机：列车停稳。

⑤显式方式：手持红色信号灯/展开的红色信号旗高举头顶左右急剧摇动；无信号灯/旗时两臂高举头顶左右交叉急剧摇动。

4. 司机确认作业要求

（1）司机需确认信号显示人员显示信号并满足动车条件后，方可动车。

（2）列车司机凭手信号动车前，应知晓列车运行路径及终点。

（3）列车运行期间，司机应确认道岔位置，发现异常情况时应立即停车，汇报行车调度员。

（4）调车手信号行车时，列车限速 20 km/h，如设备限速低于 20 km/h，按设备限速执行。

5. 手信号作业相关规定

（1）地面车站、高架车站及停车场手信号显示为：原则上昼间使用信号旗，夜间使用信号灯，行车人员可根据当日天气情况选择使用信号灯或信号旗。

（2）所有地下车站一律按夜间办理，统一使用信号灯。

（3）手信号作为指示列车运行的命令，具有严肃性，行车人员必须熟知手信号的作业标准，显示信号时必须确保动作规范、显示准确和显示时机正确及时。

（4）凡昼间持有手信号旗的行车人员，在未显示手信号时，应将信号旗拢起，双手自然下垂，放于身体两侧，左手持红旗，右手持绿/黄旗。

（5）行车人员需确保手信号显示时机满足后，方可显示手信号。

（6）行车人员需确保手信号收回时机满足后，方可收回手信号。

（7）使用手信号行车时，列车限速 20 km/h，如设备限速低于 20 km/h，按设备限速执行。

与手信号相关的工作装备如图 3－3 所示。

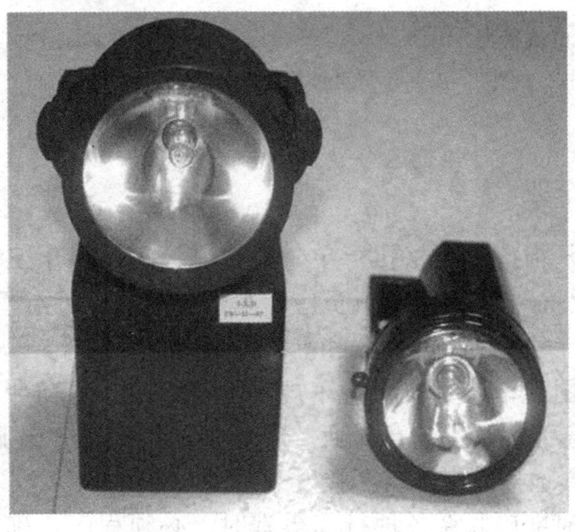

（a）事故应急处理使用的臂章和照明灯

图 3－3　与手信号相关的工作装备

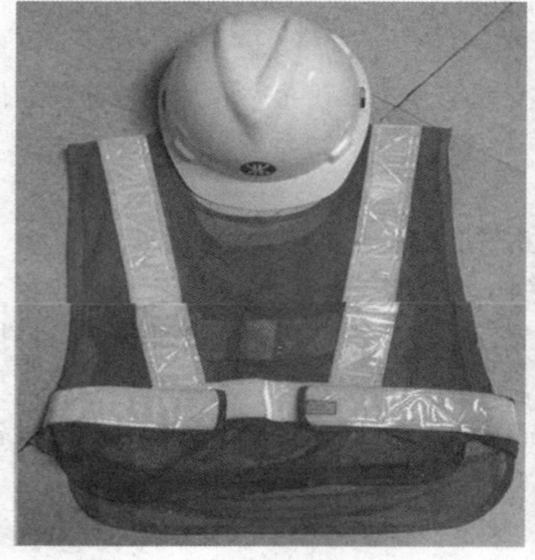

（b）安全帽

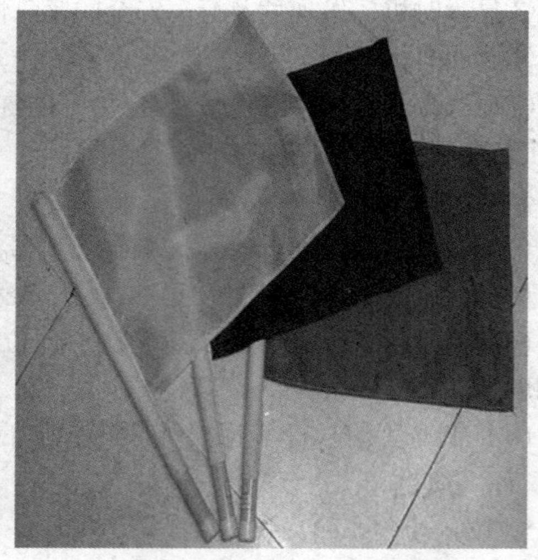

（c）荧光衣和信号旗

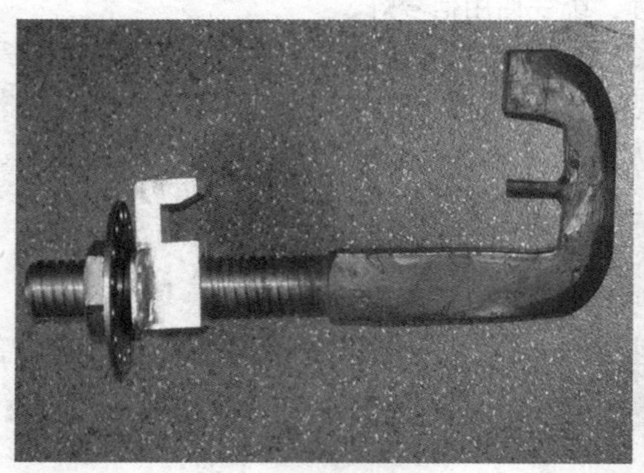

（d）钩锁器

（e）红闪灯

图3－3　与手信号相关的工作装备（续）

四、车站行车作业

（1）执行命令听从指挥。严格执行单一指挥制，车站行车工作由车站行车值班员统一指挥。列车在车站时，所有乘务人员应在车站行车值班员指挥下进行工作。车站行车值班员应认真执行行车调度员的命令和上级领导的指示。

（2）遵章守纪按图行车认真执行行车规章制度，遵守各项劳动纪律。办理作业正确及时，严防错办和忘办，严禁违章作业。当班必须精神集中，服装整洁、佩戴标志，保证车站安全、不间断地按列车运行图接发列车。

（3）作业联系及时准确联系各种行车事宜时，必须程序正确、用语规范、内容完整、简明清楚，严防误听、误解和臆测行事。

(4) 接发列车目迎目送。接发列车严肃认真，姿势端正。认真做好“看”“听”“闻”，确保列车安全运行。

(5) 行车报表填写齐全。行车报表包括各种行车凭证、行车日志和各种登记簿。行车凭证有路票、绿色许可证、红色许可证和调度命令等，登记簿有《调度命令登记簿》《检修施工登记簿》和《交接班登记簿》等，应按规定内容、格式认真填写各种行车表报，保持表报完整、整洁。

五、接发列车作业

由于国内城市轨道交通信号系统普遍实现中央级控制，列车实行自动驾驶运行，城市轨道交通车站原则上不办理接发列车作业。车站对列车运行情况进行监视，负责向行车调度员报点，各站间相互报点，当发生意外事件时，向行车调度员请示，经同意后暂不报点，站台值班员按有关规定迎送列车。只有在信号联锁故障，需人工排列进路组织列车运行及列车开到区间因故障要退回车站等特殊情况下须办理接发列车作业。

1）接发列车作业环节

一般的城市轨道交通车站接发列车的基本程序为：办理闭塞、布置与准备进路、开闭信号或交接凭证、迎送列车、开通区间五个步骤。具体接发列车作业程序与信号联锁设备及其状态有关。

2）办理闭塞的实质

办理闭塞的实质是同一区间在同一时间内只允许一列车占用。办理闭塞实际上就是使出发列车取得占用区间的许可权。城市轨道交通系统一般都采用自动闭塞，故随着列车的运行，自动完成闭塞作用。新线在全线投入正式运营前采用半自动闭塞时，须由区间两端车站行车值班员通过按压闭塞按钮办理闭塞，当区间两站闭塞表示灯均亮绿灯即表示闭塞好了。当基本闭塞设备故障须采用代用闭塞法——电话闭塞法时，办理闭塞主要由区间两端车站行车值班员通过行车电话发出电话记录号码来办理闭塞。

3）布置与准备进路

(1) 接发列车进入的划分。进路是指列车运行或调车作业走行的路径，前者称为列车进路，后者称为调车进路。列车进路可分为接车进路、发车进路和通过进路。接入停车列车时，由进站信号机（或进站方向进路防护信号机）起，至接车线末端警冲标或出站信号机（或另一端进路防护信号机）止的一段线路，称为接车进路。发出列车时，由列车前端至相对方向进站信号机（或进路防护信号机）止的一段线路，称为发车进路。列车通过时，该列车通过车站两端进站信号机（或进路防护信号机）间的一段线路，称为通过进路。

(2) 进路的布置。在轨道交通系统中，接发列车的关键是正确及时地准备好列车进路，值班站长或行车值班员必须亲自布置和确认进路是否准备妥当。布置准备进路时，一定要确定车次和列车占用线路情况。如果车站一端有两个及其以上列车运行方向或双线反方向行车时，还应确定方向。

(3) 准备进路。

准备进路与联锁设备有关。

①采用电气集中联锁和微机联锁。准备进路时，顺序按压进路始、终端按钮，道岔即自动转换并锁闭进路，进路一次性排列完毕，同时防护该进路的信号机自动开放。

②列车自动控制系统（ATC）能根据列车运行图自动排列进路、开放信号。当列车自动监测子系统（ATS）故障时，可通过微机联锁区域操作员工作站（简称 LOW 工作站）人工排列进路。

③联锁全部故障或停电时，需要人工手摇道岔准备进路。手摇道岔时，应去规定地点取得钥匙，打开钥匙孔盖上的锁，使钥匙盖向下方转动，露出手摇把孔。将手摇把插入孔内，用力摇动一定的圈数，听到“咔嚓”的声音后，即表示道岔已手摇到位，尖轨被锁闭。经过手摇的道岔不能自动恢复集中操纵。道岔转辙机底壳内的安全接点是非自复式接点，抽出手摇把后安全接点也不能接通，电动转辙机处于断电状态，即使恢复供电，该道岔的电动转辙机仍不能动作。人工转换过的道岔不改变其开通方向，以保证进路正确。当故障处理完毕或恢复供电后，须恢复使用正常联锁，停止手摇道岔。应由电务人员使用专用钥匙打开电动转辙机盖，经确认设备处于正常状态后，接通安全接点，使钥匙孔盖恢复原来位置，手摇把孔被覆盖，人工转换停止，对电动转辙机及钥匙孔盖加锁。当道岔操纵电路恢复后，即纳入集中操纵。

4）开闭信号

集中联锁站，当接发列车进路准备好了后，信号自动开放。由于轨道电路的作用，当机车或车辆第一轮对越过设信号机后即自动关闭。引导信号（含人工引导信号）应在列车头部越过信号机后及时关闭（或收回）。

5）交接凭证

这里所说的凭证，是指发车信号机显示的进行信号以外的“证件”，如路票、列车进入封锁区间的“调度命令”等。交接凭证时要认真检查是否正确，注意安全，一般应停车交付。收回凭证后，要确认凭证是否正确，并及时注销保管。

6）迎送列车

站台接发列车作业人员应在规定地点立岗迎送列车，注意列车运行状态，发现危及行车安全时，立即采取紧急措施。

7）开通区间

与办理闭塞相对应，接发列车作业完毕后，半自动闭塞区间和电话闭塞须开通区间，使区间恢复空闲，保证不间断地接发列车。半自动闭塞区间开通区间时，由区间两端站车站行车值班员拉出闭塞按钮，区间两站的闭塞表示灯熄灭即表示区间开通。

中央信号联锁故障，联锁站联锁设备良好，需人工在微机联锁区域操作员工作站（简称 LOW 工作站）上排列进路，列车在列车自动防护系统的保护下以自动驾驶或受限制的人工驾驶模式驾驶运行，此时联锁站需办理接发列车作业。

任务单（手信号操作）

任务：手信号操作

<table>
<tr><td colspan="2">实训名称</td><td>手信号操作</td><td>组别</td><td></td></tr>
<tr><td colspan="2">班级</td><td></td><td>学生姓名</td><td></td></tr>
<tr><td colspan="2">学习领域</td><td colspan="3">车站日常工作处理</td></tr>
<tr><td colspan="2">学习情景</td><td colspan="3">车站接发车</td></tr>
<tr><td colspan="5">任务内容</td></tr>
<tr><td>情境</td><td colspan="4">地点：城市轨道交通车站
人物：行车值班员
场景：卫星广场站，调车作业</td></tr>
<tr><td>演练 1</td><td colspan="4">• 发车手信号。
显示时机：确认发车条件具备。
显示地点：站台发车端列车驾驶室侧窗旁安全位置。
显示方式：右手持绿色信号灯/展开的绿色信号旗面对司机做顺时针圆形转动。

收回时机：列车启动。</td></tr>
</table>

续表

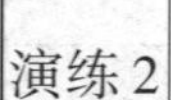 演练 2	• 停车手信号。 显示时机：看见列车头部灯光。 显示地点：来车方向站台发车端端头。 显示方式：面向来车方向，手（轨道侧）持红色信号灯/展开的红色信号旗平举。   收回时机：列车至规定停车位置停稳。
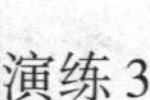 演练 3	• 调车手信号。 显示时机：确认全进路办理完毕，动车条件具备。 显示地点：调车进路首架信号机处安全位置。 显示方式：面向来车方向，右手持黄（白）色信号灯/展开的黄色信号旗高举头上左右摇动。   收回时机：列车头部越过显示地点。

续表

<table>
<tr><td>演练 4</td><td>• 紧急停车手信号。
显示时机：发现危及行车安全的紧急情况时。
显示地点：危及行车安全事发点处，迎来车方向安全位置。
显示方式：手持红色信号灯/展开的红色信号旗高举头顶左右急剧摇动；无信号灯/旗时两臂高举头顶左右交叉急剧摇动。

收回时机：列车停稳。</td></tr>
</table>

续表

完成本次任务后，归纳总结你应掌握的服务技巧：	
项目	得分
完成本次任务后，你对自己的评分（满分 10 分）	
各小组互评（满分 10 分）	
组内评分（满分 40 分） （1）参与小组讨论情况 （2）服务过程是否符合标准规范 （3）手信号动作是否规范 （4）任务完成情况 （5）归纳总结情况	
教师评分（满分 40 分） （1）出勤 （2）安全 （3）纪律 （4）职业素养 （5）归纳任务完成情况	
总分	

任务单（接发车作业）

任务：接发车作业

实训名称	接发车作业	组别	
班级		学生姓名	
学习领域	车站行车工作处理		
学习情景	接发列车		
任务内容			
情境 1	地点：城市轨道交通车站 人物：值班站长、LOW 工作站操作员、行车值班员、站台值班员 场景：办理“0605”次列车接车作业		

续表

演练	1）听取预告 【值班站长】 （1）根据“行车日志”和LOW工作站显示，确认接车线路空闲。 （2）听取发车站“0605次预告”并复诵，通知LOW工作站操作员：“排列0605次接车进路”。 2）准备进路、开放信号 【LOW工作站操作员】 （3）听取值班站长“排列0605次接车进路”后，在LOW工作站上排列列车进路，确认进路防护信号开放好后口呼“进路防护信号好了”。 【行车值班员】 （4）确认接车进路防护信号开放正确后，诵“进路防护信号好了”； （5）听取发车车站报点，复诵并填写“行车日志”。 （6）通知站台值班员“0605次开过来，准备接车”并听取回报。 【站台值班员】 （7）复诵“0605开过来，准备接车”，并立岗接车。 （8）监视列车到达（通过），同时注意站台乘客安全。 3）接车 【行车值班员】 （9）监视列车到达。 【站台值班员】 （10）监视列车到达（通过）。 4）报点 【行车值班员】 （11）向发车站报点：“0605次（9点）30分0秒到（通过）”，并填写“行车日志”。 联锁站的发车作业程序见学习引导文
情境2	地点：城市轨道交通车站 人物：值班站长、LOW工作站操作员、行车值班员、站台值班员 场景：办理“0605”次列车发车作业
演练	1）发车预告 【值班站长】 （1）根据“行车日志”和LOW工作站显示，确认发车线路空闲，向前一LOW工作站预告“0605次预告”。 （2）填写“行车日志”。

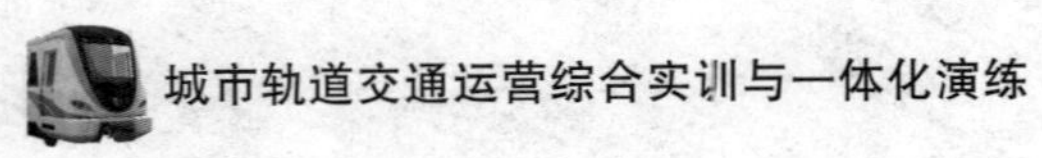

续表

<table>
<tr><td rowspan="1">演练</td><td colspan="2">2）准备进路、开放信号
【行车值班员】
（3）听取前一发车站报点“0605 次 10 分 30 秒开”并复诵，“接到接车站准备好接车进路”的通知，客车进站后通知 LOW 操作员“排列 0605 次发车进路”。
【行车值班员】
（4）听取值班站长“排列 0605 次发车进路”的命令。
（5）排列列车进路。
【行车值班员】
（6）确认发车进路好后，复诵“进路防护信号好了”后，口呼“进路防护信号好了”。
3）发车
【值班站长】
（7）通知站台站务人员“0605 次发车进路好了”。
【站台值班员】
（8）确认后三节车门关闭好后，向司机显示“车门关闭好了”的手信号。
（9）注意站台乘客安全。
（10）监视列车运行，直至列车出清联锁区。
【行车值班员】
（11）向接车站报点：“0605 次（13 点）5 分 0 秒开”。
（13）填写“行车日志”。
4）报点
【值班站长】
（14）向行车调度员报点：“0605 次（13 点）5 分 0 秒开。”</td></tr>
<tr><td colspan="3">完成本次任务后，归纳总结你应掌握的服务技巧：</td></tr>
<tr><td colspan="2">项目</td><td>得分</td></tr>
<tr><td colspan="2">完成本次任务后，你对自己的评分（满分 10 分）</td><td></td></tr>
<tr><td colspan="2">各小组互评（满分 10 分）</td><td></td></tr>
</table>

续表

组内评分（满分 40 分） （1）接发车作业流程是否正确 （2）服务过程是否符合标准规范 （3）语言是否规范 （4）任务完成情况	
教师评分（满分 40 分） （1）出勤 （2）安全 （3）纪律 （4）职业素养 （5）任务完成情况 （6）归纳总结情况	
总分	

任务单（电话闭塞法行车作业）

任务：电话闭塞法行车作业

实训名称	电话闭塞法行车作业	组别	
班级		学生姓名	
学习领域	城市轨道交通车站行车运营管理		
学习情景	自由大路站信号故障，执行电话闭塞行车作业		
任务内容			
情境	地点：自由大路、解放大路城市轨道交通车站 人物：行车值班员、站台值班员、司机 场景： 上行 0506 自由大路 解放大路　云谷路 徽州大道 人民广场		
演练	一、准备进路 站台值班员：“线路空闲发车进路准备好。” 行车值班员：“线路出清发车进路准备好”（复诵）。		

续表

<table>
<tr><td rowspan="1">演练</td><td>
二、请求闭塞
发车站
行车值班员："0506 次请求自由大路站至解放大路站上行闭塞，时间为16:27:10。"
请求闭塞 →
检查进路空间
接车站
站台值班员："线路空闲，接车进路准备好。"行车值班员："线路空闲接车进路准备好（复诵）。"
三、承认发车站闭塞
发车站
行车值班员："同意0506 次自由大路站至解放大路站上行闭塞，时间为16:48:23，电话记录号码为09016（复诵）。"
← 同意闭塞
接车站
行车值班员："同意0506 次自由大路至解放大路站上行闭塞，时间为16:48:23，电话记录号码为 09016。"
四、填写路票
发车站
行车值班员："上行，电话记录号码 09016，车次 0506 次自由大路到解放大路站，行车值班员王某 2016 年 1 月 18 日，加盖行车专用章。"
站台值班员手填路票。
站台值班员："上行，电话记录号码 09016，车次 0506 次自由大路到解放大路站，值班员王某 2016 年 1 月 18 日，自由大路站行车专用章印有。"
行车值班员："正确。"
接车站
路票
电话记录第 09016 号
车次0506
自由大路站  解放大路站
自由大路站行车专用章
车站值班员　王某
2016 年 1 月 18 日
五、与司机交接路票
发车站
站务员："与司机交接路票，上行，电话记录号码 09016，车次0506 次自由大路到解放大路站，值班员王某 2016 年 1 月 18 日，自由大路站行车专用章印有。"
接车站
</td></tr>
</table>

续表

<table>
<tr><td rowspan="1">演练</td><td>六、发车

发车站
（1）站台值班员显示发车信号。
（2）站台值班员：“0506 次上行整列开出。”
（3）行车值班员：“0506 次上行整列开出（复诵）。”
（4）行车值班员：“0506 次 16 时 41 分 20 秒自由大路站上行开出。”
（6）行车值班员：“正确。”

接车站
5. 行车值班员：“0506 次 16 时 41 分 20 秒自由大路站上行开出（复诵）。”

七、解放大路站接车

发车站

自由大路站摘挂列车占用表示牌

接车站
行车值班员：“准备上行接车。”
行车值班员：“摘挂列车表示牌。”
站台值班员准备上行接车（到指定位置接车）。
站台值班员：“0506 次上行整列到达。”
行车值班员：“0506 次上行整列到达（复诵）。”
摘挂列车占用表示牌</td></tr>
<tr><td colspan="2">完成本次任务后，归纳总结你应掌握的服务技巧：</td></tr>
</table>

项目	得分
完成本次任务后，你对自己的评分（满分 10 分）	
各小组互评（满分 10 分）	
组内评分（满分 40 分） （1）参与小组讨论情况 （2）服务过程是否符合标准规范 （3）任务完成情况 （4）是否能够举一反三，头脑是否保持清晰	

续表

教师评分（满分40分） （1）纪律 （2）职业素养 （3）任务完成情况 （4）归纳总结情况	
总分	

案例分析（列车追尾事故）

案例：

2011年9月27日是上海城市轨道交通有史以来最黯淡的一天。下午14时51分，上海城市轨道交通10号线发生一起世界城市轨道交通史上罕见的两车追尾事故。上海市卫生局局长徐建光在当晚新闻发布会称：截至27日晚上19时，已造成271人受伤，分送多家医院检查治疗。

城市轨道交通运营方上海申通城市轨道交通集团发布消息称：当天下午14时10分，上海城市轨道交通10号线因新天地站信号设备发生故障，交通大学站至南京东路站上、下行区间采用人工调度，电话闭塞方式，列车限速运行。14时51分，两列车在豫园至老西门下行区间，不慎发生追尾（发生了5号车追尾16号车的两车追尾事故）。

在卡斯柯公司为上海城市轨道交通10号线提供的基于无线通信技术的列车控制的信号系统出现故障后，列车运行的自动闭塞法（基本闭塞法）停止使用，为了保持城市轨道交通10号线继续运行，行车管理部门采用电话闭塞行车法这种临时应急的行车闭塞方式。该行车方式在城市轨道交通行车规则中有详细规定，每一位涉及行车工种的生产管理人员都应耳熟能详，达到应知应会，否则就是拿人民的生命和国家财产开玩笑，绝对不能上岗。

案例分析：

无论是自动闭塞，还是人工电话闭塞，都要确认两站间区间空闲，才能发车，只是确认方法不同而已。采用基本的自动闭塞时，列车自动控制系统依照列车前方的各种信号灯指示的颜色行车，司机起着监督、准备应急处理操纵列车的作用；采用电话闭塞时，待发列车的车站行车值班员必须在收到前方站行车值班员关于前发列车已完整到达，确认区间空闲的电话记录并发车进路准备妥当后，才能根据前方站行车值班员给出的新密码填发新的路票，办理续发列车行车闭塞。用个不恰当的比喻：路票好比“尚方宝剑”，司机拿到作为行车凭证的路票后，方可根据行车值班员的指示发车。以后第二列、第三列都依此类推。当然，采用电话闭塞方法行车，列车运行效率会受到一定到影响，但绝对不能成为列车追尾的理由。此案例说明熟悉相关业务规程、严格执行业务规程的重要性。

项目四　轨道交通运输设备运用

项目描述

与城市轨道交通车站站务相关的运输设备包括自动售票机、检票机、自动扶梯、道岔、安全门等相关设备，熟练操作城市轨道交通运输设备是职业院校的学生应该掌握的技能。

实训目标

（1）掌握线路总体构成，能说出路基、道床的构成及轨道各部分的组成及功用。

（2）了解手摇道岔六部曲，能完成扳道及道岔清扫工作。

（3）掌握站台安全门系统的概念、分类及其功能。

（4）掌握站台安全门常见故障的处理办法。

（5）掌握自动检票机、自动售票机的结构组成、功能；掌握自动扶梯常用操作及基本故障处理。

实训设备

（1）多媒体教室。

（2）城市轨道交通车站或校内车站设备运用实训室。

（3）道岔清扫工具、转辙机。

（4）标识牌、钩锁器、手摇把、荧光马夹、道岔钥匙、红闪灯、自动售票机、信号旗等。

组织安排

1. 布置任务

（1）下达任务。

（2）下发引导文。

2. 接受学生咨询

回答学生提问。

3. 教学实施

（1）学生分组，讨论相关知识和技能要求，学习安全作业要求，制订工作计划，确定工作要求，工作注意事项、工作方案及操作流程。学生可在运营实训室上网查阅资料。

（2）学生根据计划学习相关内容，并确定实施方案。

（3）根据学习引导文，在教师的指导下完成操作任务。

理论基础

一、城市轨道交通安全门

1. 站台安全门系统概述

站台安全门系统安装于城市轨道交通车站的站台边缘，将轨道与站台候车区隔离，与列车门相对应。可多级控制开启与关闭滑动门的连续屏障就是安全门。

2. 安全门系统分类

1）封闭式安全门

封闭式安全门安装于城市轨道交通车站，全封闭。封闭式安全门是具有密封性能的轨道交通站台安全门系统，通常被称作屏蔽门。

2）开放式安全门

（1）全高安全门。

全高安全门的门体结构超过人体高度，门体顶部距离站厅底面之间有一段不封闭空间。不具有密封性能的轨道交通站台全高安全门，其总体高度约为 2 050 mm。

（2）半高安全门。

半高安全门主要安装于城市轨道交通地面或高架车站，门体结构不超过人体高度。不具有密封性能的轨道交通站台半高安全门，其总体高度约为 1 500 mm。

3. 安全门系统基本设计原则

（1）站台安全门要根据列车具体编组形式、停车精度要求、采用的车体类型（A 型车、B 型车、C 型车）、列车运行速度及当地气候条件（温度、湿度、风压、地震条件）等因素进行综合设计。

（2）站台安全门应设置在车站站台的有效长度范围以内，以有效站台中心线为基准向两端对称布置。

（3）安全门在站台边缘的设置和外形尺寸在任何情况下不得侵入列车行驶动态包络线，安全门系统的任何构件在轨道侧应满足相关标准规定的设备限界要求。

（4）车站设置安全门时，安装尺寸应考虑在门体弹性变形状态下，屏蔽门最外突出点至车辆限界间有不小于 25 mm 的安全间隙。

（5）站台安全门最大运行强度一般保证至少每 2 min 开闭 1 次，每天可连续正常运行 20 小时，每年可连续运行 365 天。

4. 站台安全门的功能

1）提高候车安全

（1）防止乘客因车站客流拥挤或其他原因跌落轨道。

（2）避免乘客被列车活塞风吹吸的潜在危险。

（3）避免非工作人员进入隧道。

2）改善站台环境

站台安全门使站台区域更加舒适、美观，隔音隔热效果更好。

3）节约运营成本

（1）节省车站的空调负荷，在一定程度上降低了能耗。

（2）减少站台边缘区域站台值班员的数量。

5. 站台安全门配置情况

某车站站台安全门配置情况如表 4－1 所示。

表 4－1　某车站站台安全门配置情况

<table>
<tr><th colspan="2"></th><th>固定门</th><th>滑动门</th><th>应急门</th><th>端门</th></tr>
<tr><td colspan="2">位置</td><td>屏蔽门上方
不能打开的门</td><td>正常停止时与
列车车门一一对应</td><td>每节车厢对应一道，
具体位置视站台
实际情况而定</td><td>位于站台两端头，
垂直于站台边线布置</td></tr>
<tr><td colspan="2">数量/
每侧站台</td><td>—</td><td>24 道</td><td>6 道</td><td>2 扇</td></tr>
<tr><td rowspan="2">手动开
门装置</td><td>站台侧</td><td>—</td><td>钥匙开关</td><td>钥匙开关</td><td>钥匙开关</td></tr>
<tr><td>轨行侧</td><td>—</td><td>门体中间部分
开门扳手</td><td colspan="2">门体中部手动推杆</td></tr>
<tr><td colspan="2">手动
开门方式</td><td>—</td><td>与门体方向
平行，拉开</td><td colspan="2">向站台侧推开呈 90°</td></tr>
</table>

6. 安全门事故应急处理

（1）安全门事故信息报告流程。

安全门事故信息报告流程如图 4－1 所示。

①发现人第一时间将发现人姓名、职务、故障发生的位置、故障情况报告控制指挥中心（如非站务人员，须通知站务人员），站务应急处置小组对故障安全门进行应急处理。

②控制指挥中心向车站设备部调度员发布抢修命令。车站设备部调度员应立即将抢修命令通知安全门抢修小组组长及成员。

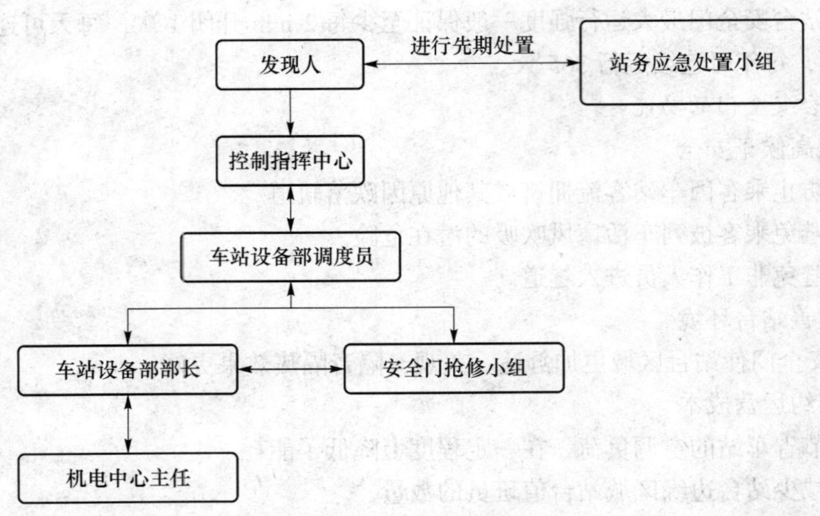

图 4－1　安全门事故信息报告流程

③安全门抢修小组在安全门抢修小组组长指挥下进行应急抢修工作，并及时将抢修情况向车站设备部部长及车站设备部调度员汇报，车站设备部调度员向控制指挥中心汇报。

④抢修结束后，由车站设备部调度员向控制指挥中心汇报抢修结束时间、人员及料具出清情况、设备恢复情况等。

（2）安全门玻璃破裂但未脱落的应急处理。

①站务应急处置小组。

如果滑动门玻璃破裂，站务应急处置小组将故障门的就地控制盒（LCB）置手动关门挡位，手动关闭此门；如果固定门玻璃破裂，可视情况手动关闭相邻的滑动门，防止将破裂玻璃震碎；用专用宽透明胶带将玻璃粘牢；在故障门上贴上警示标志，并用围栏围好，并加强对故障门附近乘客的监控和引导。

②行车调度员。

组织列车限速 25 km/h 进出车站。

③安全门抢修小组。

根据门体玻璃的具体情况做好故障门的临时处理，运营结束后进行更换。

（3）不连续的三樘（含）以上安全门故障的应急处理。

①司机。

如果故障为滑动门无法关闭，操作站台端头控制盘（PSL）重新开关门一次。

②站务应急处置小组。

如果滑动门仍无法关闭：

- 将故障门的 LCB 置手动关门挡位，并手动关闭故障滑动门；
- 在开启的故障门旁安排专人值守，加强对故障门附近乘客的监控和引导。

如果滑动门无法打开：站务应急处置小组示意乘客从其他门上下车，将故障门的 LCB 置手动关门挡位（或手动挡位）；在故障门上贴上警示标志，用围栏围好，并应加强对故障门附近乘客的监控和引导。

(4) 安全门无法给出关闭锁紧信号。

①站务应急处置小组。

• 确认滑动门处于关闭并锁紧状态，如有滑动门无法关闭，需注意对故障门及附近的监控。

• 操作 PSL 上的“互锁解除”开关，直至列车出清车站或将 PSL 上的“操作允许”开关置允许挡位，然后操作“互锁解除”开关，直至列车出清车站。

②安全门抢修小组。

及时对故障进行修理。如发现故障为信号接口问题，上报控制指挥中心，并协助信号专业人员对故障进行处理。

(5) 安全门玻璃破裂并脱落的应急处理。

①站务应急处置小组。

• 如果安全门玻璃大块破裂脱落，及时报告行车调度员，按控制指挥中心命令对轨行区及站台进行清理。

如果是滑动门玻璃破裂脱落，将故障门的 LCB 置手动关门挡位（或手动挡位），手动关闭此门。

如果是固定门玻璃破裂脱落，手动关闭相邻的滑动门，防止玻璃碎片卡阻滑动门或划伤乘客。

• 在故障门张贴警示标志，用围栏围好，并加强对故障门附近乘客的监控和引导，防止乘客进入轨行区。

②行车调度员。

组织列车限速 25 km/h 进出车站，防止活塞风过大影响站台乘客乘车安全。

③安全门抢修小组。

利用行车间隔清理完残留在安全门门框上的玻璃碎片后，如果是固定门玻璃破碎则可恢复相邻的滑动门开关；如果是滑动门玻璃破碎，则手动关闭故障门，待运营结束后对故障门进行更换。

如果影响行车，按控制指挥中心命令及时组织实施抢修。

(6) 端墙屏蔽门破碎。

①正确掌握端墙屏蔽门的操作方法，站台岗加强巡视，保持端墙门处于关闭锁好状态。

②严禁用任何异物卡住屏蔽门，阻挡其正常关闭。

③在客车及工程车开行前，必须检查端墙门的状态，确保其关闭锁好。

④严禁任何人用异物敲打屏蔽门，施工人员所带的工具经过屏蔽门时，要避免与屏蔽门碰撞。

⑤工作人员经过端墙屏蔽门后，必须手推确认屏蔽门已经关闭。

二、手摇道岔

1. 道岔的概念

道岔是一种使机车车辆从一股道转入另一股道的转辙连接设备。

2. 道岔的构成

1）转辙器

转辙器包括转辙机械、尖轨、轨距拉杆及其他零配件等。

（1）转辙机械。

（2）轨距拉杆。

（3）转辙拉杆。

（4）其他零配件。

2）连接导轨

连接导轨是指引导车轮进入辙叉的一组或多组轨道。

3）辙叉及护轨

（1）辙叉。

（2）护轨。

（3）翼轨。

（4）岔心。

3. 道岔的组合形式与种类

1）道岔组合的基本形式

道岔组合的基本形式有三种，即线路的连接、交叉、连接与交叉的组合。

2）常用道岔的种类

（1）单开道岔。

（2）双开道岔。

（3）三开道岔。

（4）交分道岔。

（5）交叉渡线。

（6）菱形交叉。

4. 道岔的扳动方式

1）电动扳动

电动扳动是依靠电动机的动力来推动转辙拉杆，从而扳动尖轨的扳动方式。

2）手动扳动

手动扳动是利用人力借杠杆去扳动尖轨的扳动方式。

5. 手摇道岔六步骤

（1）一看：看道岔开通位置是否正确，是否需要改变位置。

（2）二开：打开盖孔板及钩锁器的锁，拆下钩锁器。

（3）三摇：手摇道岔转向所需的位置，在听到“咔嚓”的落槽声后停止。

（4）四确认：手指尖轨，口呼“尖轨密贴开通×位”并和另一人共同确认。

（5）五加锁：另一人在确认道岔位置开通正确后，用钩锁器锁定道岔尖轨。

（6）六汇报：向站控室汇报道岔开通位置正确。

三、自动售检票系统

1. 自动售检票系统运营管理模式

自动售检票系统包括三种运营管理模式：正常运营模式、降级运营模式和紧急放行模式。

通常情况下，自动售检票系统在正常运营模式下自动运行。

在运营过程中出现特殊情况，为保证客运安全和运营收益，根据实际情况，设定系统进入相应的降级运行模式。

在运营过程中，当车站或列车发生火灾、爆炸等危及乘客和工作人员安全的紧急情况，需要乘客紧急撤离车站时，启用紧急放行模式。

2. 自动检票机

自动检票机，简称闸机（automatic gate，AG），是实现乘客自助进出站检票交易（在非付费区和付费区间通行）的设备，对有效车票，检票机通道阻挡解除（门扇开启或释放转杆），允许乘客进出站。自动检票机如图 4 – 2 所示。

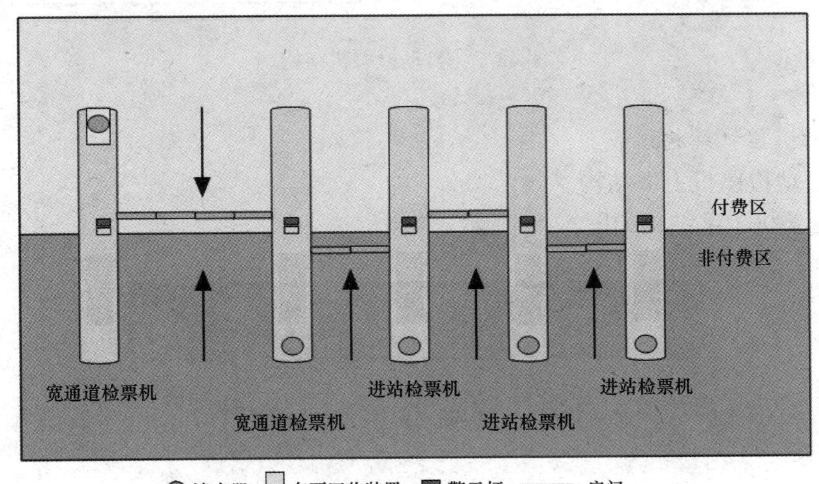

图 4 – 2　自动检票机

3. 自动检票机的分类

自动检票机根据功能可以划分为：进站检票机；出站检票机；双向检票机。

自动检票机根据阻挡装置的类型可以分为：三杆式检票机；扇门式检票机；拍打门式检票机。

4. 自动检票机结构组成

自动检票机以主控单元为核心，辅以阻挡装置、车票处理装置、声光提示装置等模块组成。自动检票机结构如图 4 – 3 所示。

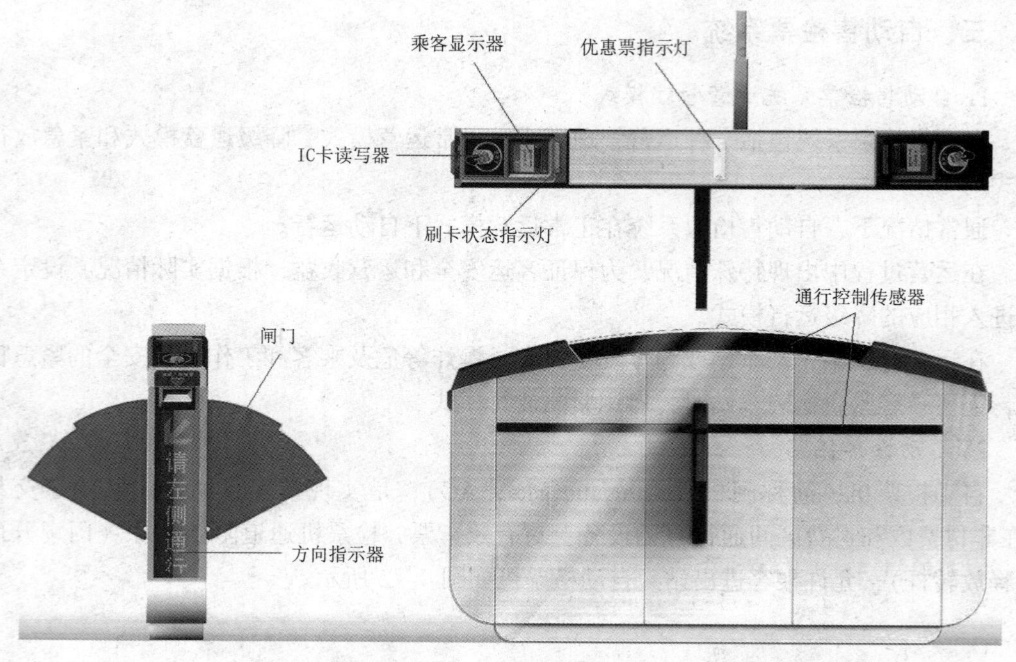

图4-3 自动检票机结构

5. 自动检票机结构组成

(1) 自动检票机上部结构。

自动检票机上部结构如图4-4所示。

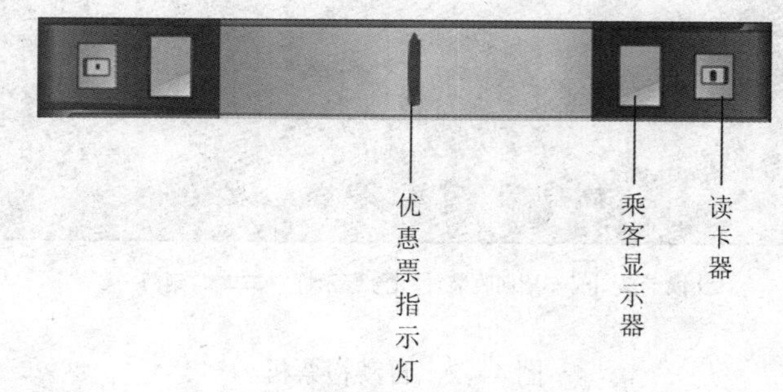

图4-4 自动检票机上部结构

①读卡器。

票卡读写器的安装位置须符合乘客右手持票习惯，在检票机安装读卡器的位置有醒目的标识指示乘客刷卡位置。

②乘客显示器。

乘客显示器为可变显示，能够显示中文、英文、数字及图形，以引导乘客正确使用检票机。乘客显示器内部结构及外观如图4-5所示。

图4-5　乘客显示器内部结构及外观

③方向指示器：方向指示器位于检票机面向乘客的前面板上，显示通道的通行方向标志，远距离指示乘客通道的通行状态，方向指示器的设计确保乘客在30 m外的距离可以明辨标志的内容和含义。方向指示器如图4-6所示。

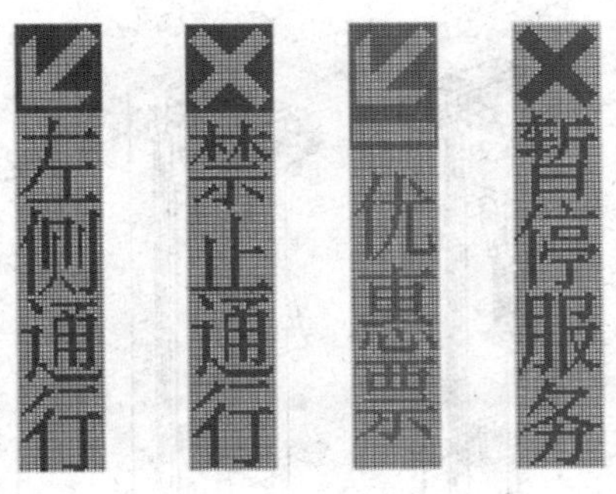

图4-6　方向指示器

（2）自动检票机侧向结构。

自动检票机侧向结构如图4-7所示。

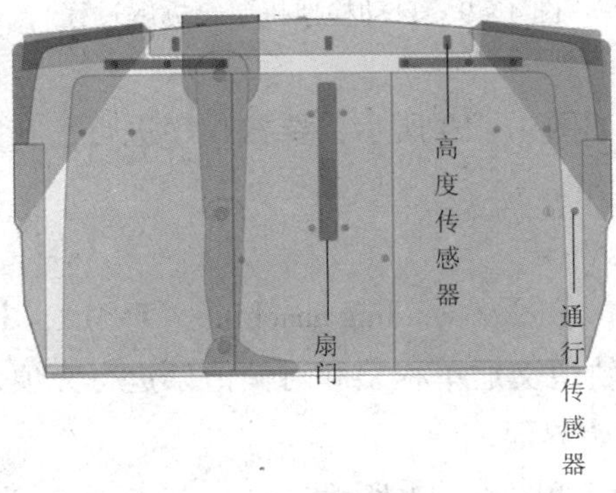

图4-7　自动检票机侧向结构

①通行传感器。

通行传感器能够监控乘客通过自动检票机的整个过程及监测通过自动检票机的人数。

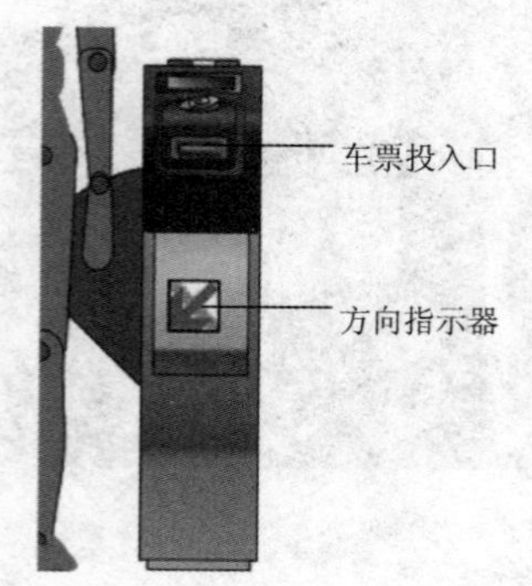

图 4－8　自动检票机立面结构

②高度传感器。

自动检票机上装有检测身高的反射型传感器，用于检测通过的乘客是否是身高为 1.2 m（高度可调）以下的儿童。

③扇门。

扇形门装置是另一种得到广泛应用的检票机阻挡装置。扇形门装置由扇形门、机械控制结构和控制板组成。

（3）自动检票机立面结构。

自动检票机立面结构如图 4－8 所示。

6. 自动检票机更换票箱操作

拆解票箱的工作过程如图 4－9 所示，要按顺序进行，在完成当前动作之前不能进入到下一个动作。

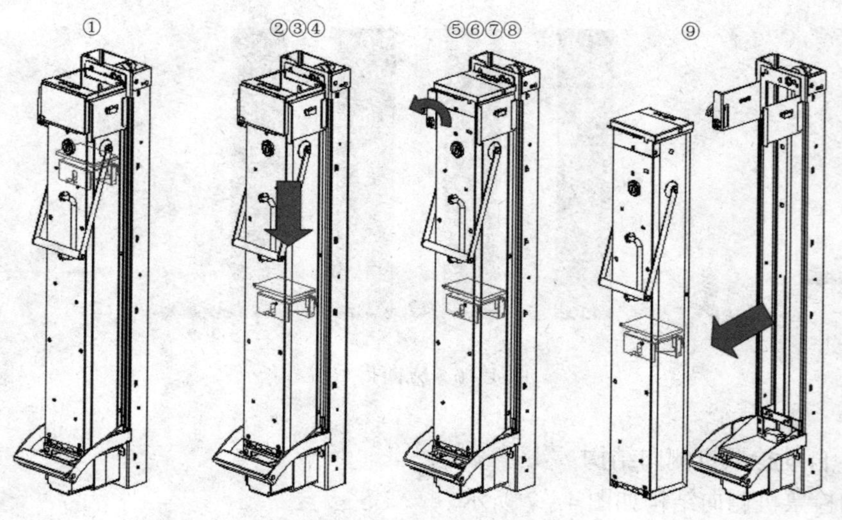

图 4－9　自动检票机票箱拆解过程

安装票箱的工作过程如图 4－10 所示，要按顺序进行，在完成当前动作之前不能进入到下一个动作。

7. 自动售票机

自动售票机简称 TVM（ticket vending machine，TVM），TVM 设于车站非付费区，用于乘客自助式购买城市轨道交通单程票和对储值票进行充值。

（1）自动售票机的初始界面。

自动售票机的初始界面如图 4－11 所示。

①
②③
④⑤
⑥⑦⑧
拨动开关

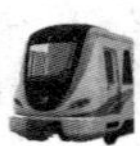

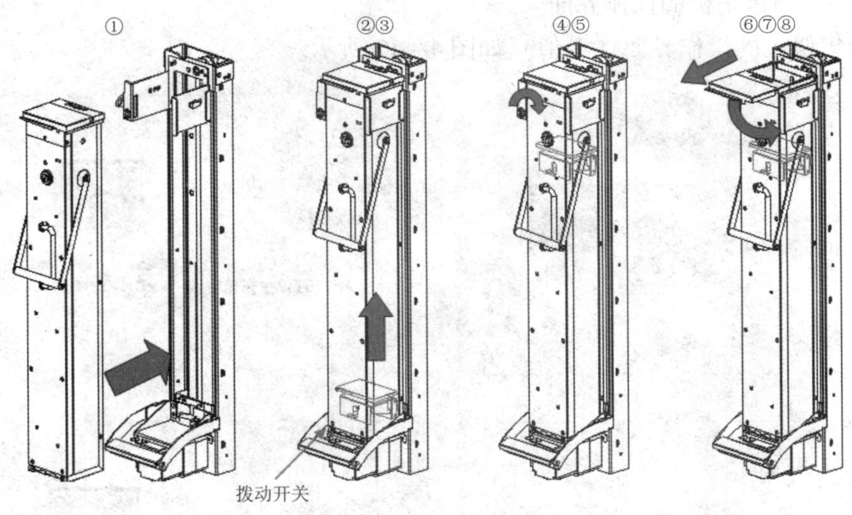

图 4－10　自动检票机票箱安装过程

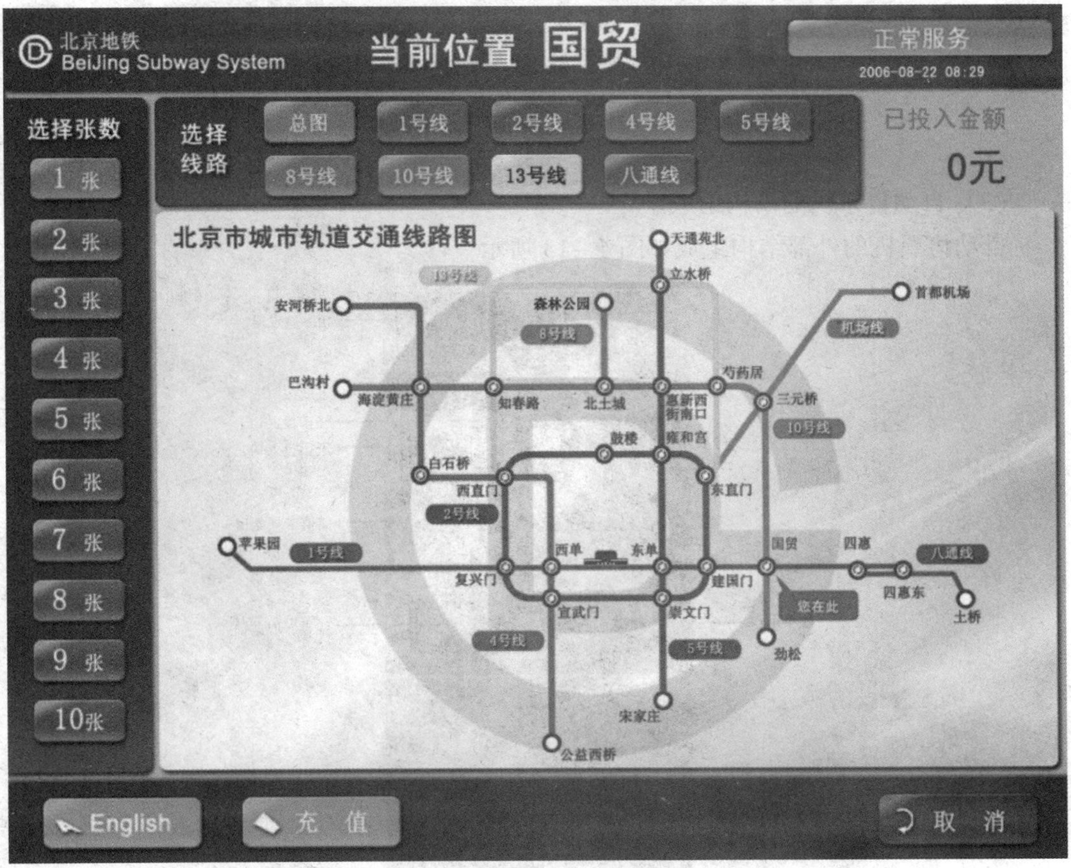

北京地铁
BeiJing Subway System
当前位置 国贸
正常服务
2006-08-22 08:29
选择张数
1 张
2 张
3 张
4 张
5 张
6 张
7 张
8 张
9 张
10张
选择线路
总图
1号线
2号线
4号线
5号线
8号线
10号线
13号线
八通线
已投入金额
0元
北京市城市轨道交通线路图
天通苑北
立水桥
首都机场
安河桥北
森林公园
机场线
巴沟村
海淀黄庄
知春路
北土城
惠新西街南口
芍药居
三元桥
10号线
鼓楼
雍和宫
白石桥
西直门
东直门
2号线
苹果园
1号线
西单
东单
国贸
四惠
八通线
复兴门
建国门
四惠东
宣武门
崇文门
您在此
土桥
4号线
5号线
劲松
宋家庄
公益西桥
English
充 值
取 消

图 4－11　自动售票机的初始界面

（2）自动售票机的操作界面。

自动售票机的操作界面（充值）如图 4－12 所示。

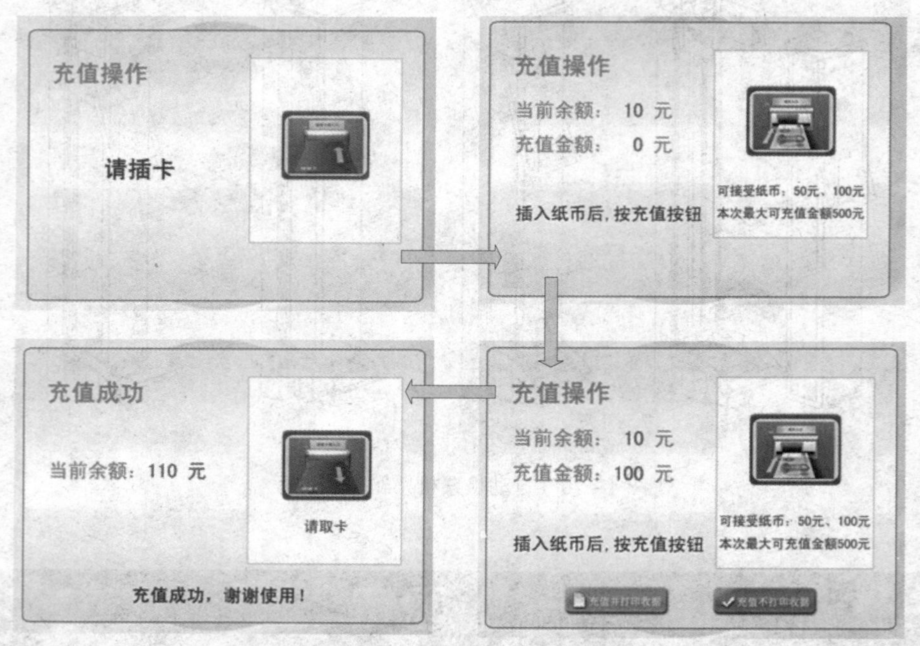

图 4－12　自动售票机操作界面（充值）

（3）自动售票机的结构组成。

自动售票机的外部结构组成如图 4－13 所示。

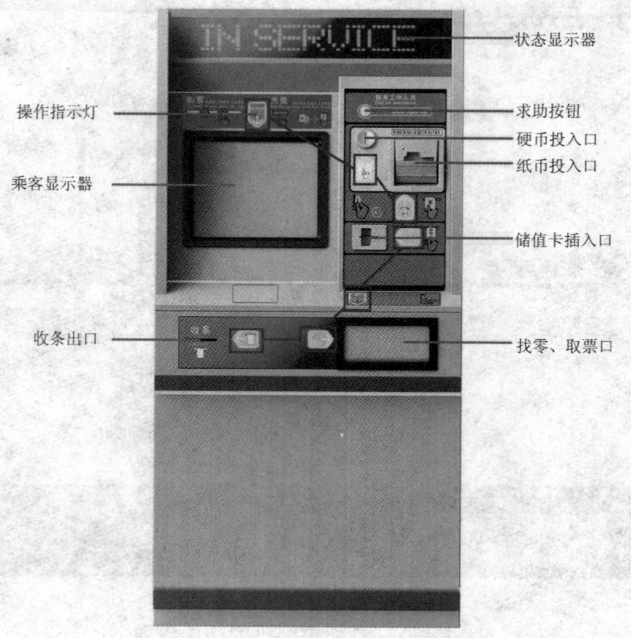

图 4－13　自动售票机的结构组成

自动售票机的内部结构组成如图4－14所示。

图4－14　自动售票机的内部结构组成

四、电梯与自动扶梯

1. 城市轨道交通车站自动扶梯与楼梯的设置目的及标准

（1）设计目的：乘客进出站厅。

（2）设置原则。

一般站出入口：一部步行楼梯＋一部自动扶梯，正常运营状态下，扶梯为上行，出站乘客首选扶梯；楼梯为下行，进站乘客选择步行楼梯。

特殊站和一级站出入口：一部步行楼梯＋两部自动扶梯，正常运营状态下，自动扶梯分为上行和下行，进、出站乘客首选扶梯，当自动扶梯不能满足疏散要求时，进、出站乘客可选择步行楼梯。

2. 楼梯布置的有关规定

（1）楼梯与检票口在同一方向布置时。楼梯进口距检票口的净距离不宜小于6 m。

（2）楼梯与自动扶梯并列布置时。其相互之间的位置无规定，一般采取将楼梯下踏步最后一级与自动扶梯的下梯踏脚平面取平。

3. 自动扶梯布置的有关规定

（1）自动扶梯相对布置时，两自动扶梯工作点间距离不小于20 m。

（2）自动扶梯工作点至墙的距离，在站台层不小于8.5 m；在出入口处不小于6 m。

（3）自动扶梯与楼梯相对布置时，其间的距离不宜小于15 m。

（4）自动扶梯工作点至检票口的距离不宜小于10 m。

（5）分段设自动扶梯时，两段之间距离不应小于8.5 m。

4. 楼梯与自动扶梯的关系

当车站出入口的提升高度超过 6 m 时，宜设上行自动扶梯；超过 12 m 时，除设上行自动扶梯外，宜同时设下行自动扶梯。

楼梯和自动扶梯在交叉错位处要注意其夹角的处理，避免乘客夹伤。

出入口在道路旁平行道路设置时，应当考虑楼、扶梯的起坡停顿时间，因为在楼、扶梯的起坡点处，行人会有适当的停留，扶梯应设置在远离道路的一侧，减少楼梯和扶梯处的拥堵。

5. 电梯常规操作

(1) 轿厢内的按钮介绍。

轿厢内的按钮一般分报警按钮、楼层选择按钮、开门按钮和关门按钮等几种，如图 4－15 所示。

(2) 电梯的开启。

插入钥匙并将钥匙转到“0”位置，然后将钥匙拔出来，再按一般电梯的操作使用，如图 4－16 (a) 所示。

(3) 电梯的关闭。

插入钥匙并将钥匙转到“1”位置，出现“暂停”字样后，电梯重新开关门一次，当电梯再次关好门后电梯关闭。最后拔出钥匙，操作完毕，如图 4－16 (b) 所示。

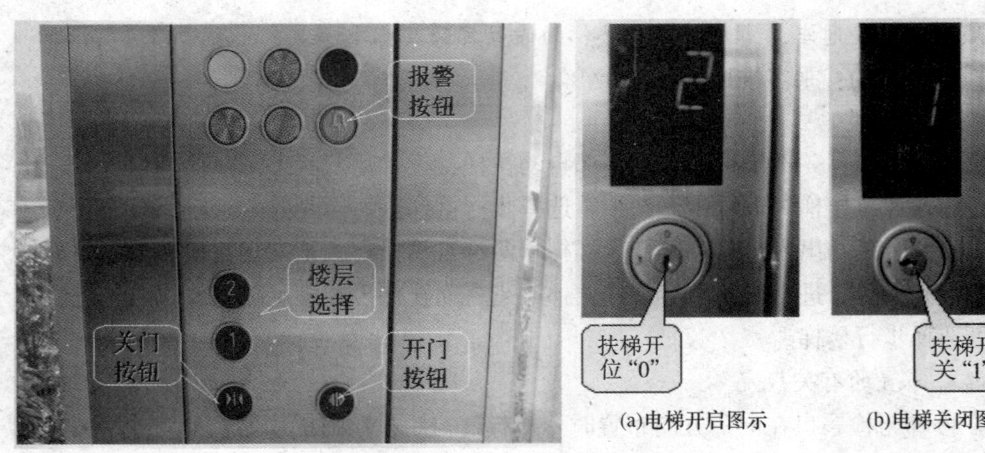

(a)电梯开启图示　(b)电梯关闭图示

图 4－15　轿厢内的按钮

图 4－16　电梯的开启与关闭

(4) 故障处理步骤。

情况 1：电梯停在平层区域但不能自动开门。

情况 2：电梯停在非平层区域且电梯有电。

情况 3：电梯停在非平层区域且电梯无电。

以上三种情况的处理步骤如下。

第一步：接到求救信息后要与乘客沟通，确认电梯停止位置和人员数量，告诉乘客在接到指示之前不得自行扒开梯门。

第二步：救援人员带上电梯开梯钥匙、控制柜钥匙和三角钥匙尽快到达故障现场。

第三步：到达现场后确认电梯停留位置。

第四步：救援人员与乘客沟通，告知可能发生的状况，要求乘客保持镇静，切勿惊慌。

第五步：到控制柜处用专用钥匙打开控制柜。

控制柜打开后，将JRH（召唤）开关由NORM（正常）位置旋到JRH（召唤）位置。

断开主断路器（JH）开关，切断电梯电源。同时按住“▲”“▼”按钮观察“LR－U”“LU－ET”“LR－D”指示灯的状态，若处于熄灭状态则关闭控制柜门，通知维修人员进行抢修。

第六步：如果“LR－U”或“LR－D”指示灯亮并伴有蜂鸣声，表示轿厢移动速度过快应立即把松闸手柄复位至开始位置。如发生紧急情况则按压“STOP”按钮。

第七步：到电梯停止位置用三角钥匙打开层门后注意层门地坎与轿厢地坎之间的高度差和间隙，应防止人员跌落井道的危险，然后直接将乘客从轿厢救出。

不断地观察“LR－U”“LUET”“LR－D”指示灯的状态，小心地向下释放松闸手柄使轿厢逐步地缓慢移动，当轿厢接近门区时每次只能移动轿厢10～15 cm，以防止冲顶或蹲底，直到看见平层指示灯“LUET”亮时应立即松开松闸手柄，此时表示轿厢已到达平层区域。

第八步：乘客被救出后必须关闭所开启的层门并保证在外力的作用下也无法打开。电梯立即停用，放置暂停服务牌，等待专业维修人员继续维修。

6. 自动扶梯在运行与关闭前的准备

（1）开启扶梯。

①将钥匙插入报警停止开关，警笛鸣响，发出信号后开始运转，放手后钥匙将回到中央位置，将其拔出。

②确认自动扶梯的踏板和梯级上没有乘客时，再将钥匙插入运行开关，向需运行方向（上或下）旋转，自动扶梯开始运作，待稳定运行后放手，钥匙自动回到运行开关的中央位置，即可将其拔出（启动时一只手旋转钥匙同时另一只手按在急停开关上，当出现异常时及时按动急停开关）。

③确认扶手带是否正常转动，如有异常声响或振动时，要立即按动紧急停止按钮，同时通知维修人员。

④确认正常运转后，再试运转5～10 min。

⑤如果试运转中按动紧急停止按钮，在问题处理完毕后，必须将紧急停止按钮（红色罩）复原。

（2）关闭扶梯。

①停止之前，不允许乘客进入自动扶梯的梯口。

②将钥匙插入报警停止开关，鸣响警笛。

③确认自动扶梯附近或扶梯梯级上无人后，再用钥匙开启停止开关。自动扶梯则停止运行。

④一天的正常运行结束后须认真检查并清扫扶梯踏板、扶手带、梳齿板、裙板及扶梯下部专用房。

⑤正常停止扶梯后，应采取措施，设置停止使用牌，防止乘客将其当作楼梯使用而减少设备的使用寿命。

7. 紧急停止按钮

在出现异常状况，必须使用紧急停止按钮时，应大声通知乘客“紧急停止，请抓住扶手”后，再进行操作。

（1）现场操作。

正常状态：平时紧急停止按钮（红色罩）呈向外膨胀凸出状。

操作时：用手指按压，凸起状态变塌陷状态。

操作后：用手指按压红色罩的周围，使其恢复正常状态。

（2）站控室操作。

①敲破设在站控室的扶梯紧急停止按钮上的玻璃片。

②按压按钮。

③复位时，拔起按钮。

8. 扶梯转换运行方向

（1）将钥匙插入报警停止开关，警笛鸣响。

（2）确认扶梯梯级上无人后再用钥匙开启停止开关，自动扶梯停止运行后，将钥匙拔出。

（3）待完全停止后，将钥匙插入运行开关，开启需运行方向的开关。

9. 车站开站时的扶梯启动步骤

第一步：检查标志（见图 4 – 17），确认扶梯周围的安全设施（三角区的护板、防止进入的围栏）无破损等异状。

图 4 – 17　扶梯周围的安全标志

第二步：检查扶梯异物（见图 4 - 18）。

检查扶梯梯级踏板、扶手带、梳齿板和裙板及裙板与梯级间的间隙。清除夹在里面的碎纸、小石子、口香糖等物品。

图 4 - 18　扶梯弃物检查

第三步：检查扶梯紧急停止按钮（见图 4 - 19）。

图 4 - 19　检查扶梯紧急停止按钮

第四步：启动扶梯。

（1）扶梯开启操作（见图 4 - 20）。

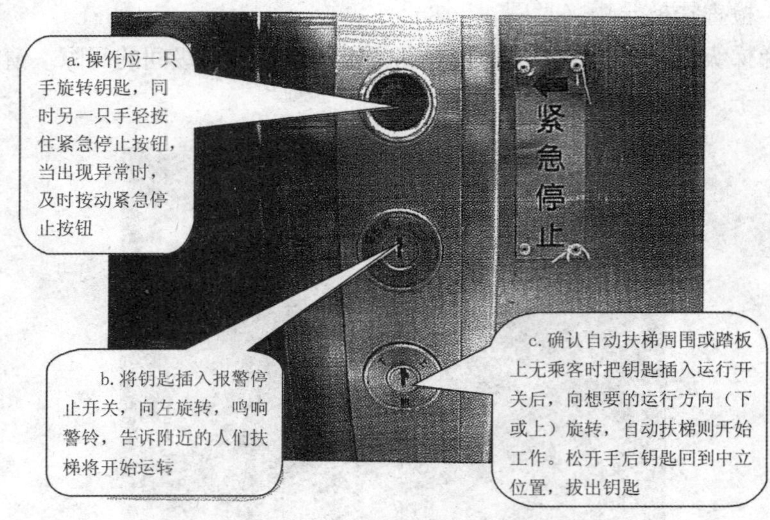

图 4－20　扶梯开启操作

10. 车站关站时的扶梯关停操作

车站关站时的扶梯关停操作如图 4－21 所示。

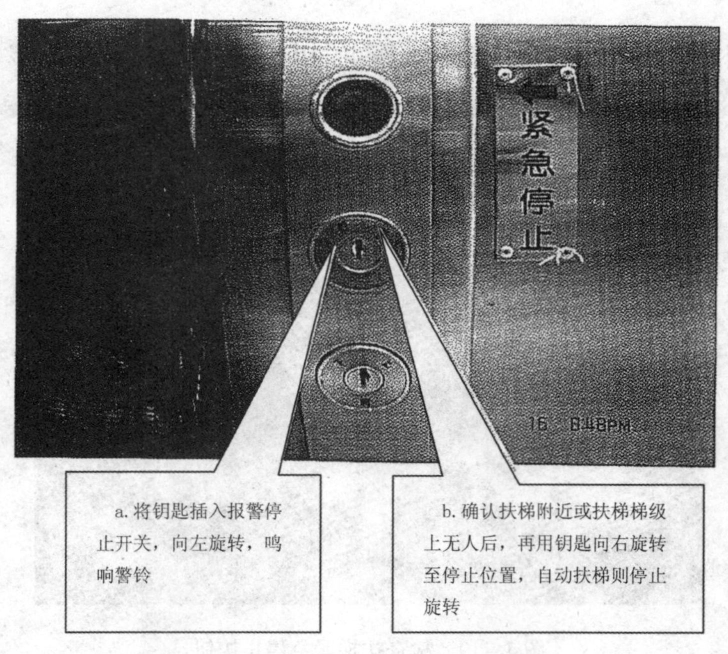

图 4－21　扶梯关停操作

11. 扶梯故障时的防护设置

扶梯故障时的防护设置如图 4－22 所示。

图 4－22　扶梯故障时防护设置

五、城市轨道交通供电系统

1. 城市轨道交通供电系统概述

（1）提供城市轨道交通运营的动力能源——电能。

（2）城市轨道交通供电电源一般取自城市电网。

（3）通过输送或变换，以适当电压等级供给设备。

（4）根据用电性质不同，城市轨道交通供电系统分为两部分。

由牵引变电所为主组成的牵引供电系统，以降压变电所为主组成的低压配电系统。本书主要介绍低压配电系统的相关情况。

2. 低压配电系统的分布

（1）变电所低压室、低压配电室各一座分别布置在站台层两端，各负责半个车站及区间的负荷。

（2）环控电控室两座布置在站厅层两端，各负责半个车站的环控负荷。

（3）照明配电室四座分别在站台和站厅层两端。

（4）蓄电池室两座，位于站台层两端。

3. 低压配电系统负荷的分类

（1）按用途分动力和照明两大类。

（2）按供电重要程度分一级负荷、二级负荷和三级负荷。

一级负荷：应急照明、站厅和站台照明、出入口照明、通信、信号、屏蔽门、垂直梯、排水泵、雨水泵、回排风机、排热风机、组合式空调箱、小系统排烟风机等。

二级负荷：一般照明、普通插座、自动扶梯、污水泵、通风机等。

三级负荷：广告照明、装饰照明、冷水机组、冷冻泵、冷却泵、冷却塔风机、清扫机械、商铺等。

负荷分布：双电源通信机械室、站控室、气瓶室（气体消防）、通信机械室、信号室、水泵房（废水泵、污水泵）、环控机房（环控设备）、区间（雨水泵、检修电力、风机动力）、自动扶梯下三角机房（出入口、站台）、垂直梯（站厅）、屏蔽门室（站台）等。

4. 低压配电系统的日常巡视与维护

(1) 日常巡视项目。

巡视设备外观，包括污染、机械损伤等；巡查设备运行状态，听、看、嗅，查抄电压电流表，观察无故障报警指示；检测设备运行温度和设备房温度；巡查线路外观，包括污染、机械损伤、外皮温度、过载老化，接头温度等；巡查灯具，包括外壳防护、光源等，如发现灯具灯头两端变黑，需进行更换。

建立设备巡视记录，记录对比分析各次检查数据。

(2) 计划检修。

定期做好设备的清洁、刷防护漆；定期做好配电房的清洁；定期更换易损元器件；检查接线有否松动、接头温度、连接件是否紧固；检查开关元器件机械动作；检查各电气接口，进行电气交接试验，并进行接口联动测试；检查设备线路绝缘，严查漏电现象；进行备用设备检测，如发现设备损坏，立即更换；定期对蓄电池充放电维护，检测蓄电池溶液位置，如发现溶液容量不达标立即更换；测量设备三相电流、电压、相序（维修后需检测）。

实训步骤

(1) 先按照学生人数确定分组规模，并根据任务单和案例的需要准备好实训设备（如自动售票机、屏蔽门）。

(2) 对分好组的学生进行任务分配。

(3) 每做完一个实训由评判组和教师进行评分。

(4) 实训完毕后，由教师对实训效果进行点评和总结。

评价考核

考评方式：

(1) 平时成绩实训项目完成情况 + 过程性考核 + 实训报告。

(2) 素质考评（20%）综合项目（50%）归纳总结（30%）。

学习引导文

1. 车站楼梯、自动扶梯的设置要求

楼梯设置的基本要求：乘客使用的楼梯踏步高度宜采用 135～150 mm，宽度宜采用 300～340 mm。每个梯段不应超过 18 步，不得少于 3 步，休息平台宽度一般为 1 200～1 800 mm。楼梯净宽度不应小于 2 000 mm，当楼梯净宽度大于 3 000 mm 时，中间应设栏杆扶手。踏步至吊顶的净高不应小于 2 400 mm。楼梯栏杆的高度不宜小于 1 100 mm。

2. 楼梯、扶梯和出入口通道的通过能力须满足的要求

根据防灾设计要求，车站内所设的楼梯、扶梯和出入口通道的通过能力应保证在远期超高峰小时客流量时，发生火灾的情况下，6 min 内将每列车超高峰小时客流、站台上的候车人数及工作人员疏散完毕。

3. 自动扶梯的工作原理

一系列的梯级与两根牵引链条连接在一起，在按一定线路布置的导轨上运行即形成自动扶梯的梯路。牵引链条绕过上牵引链轮、下张紧装置并通过上、下分支的若干直线、曲线区段构成闭合环路。这一环路的上分支中的各个梯级（也就是梯路）应严格保持水平，以供乘客站立。上牵引链轮（也就是主轴）通过减速器等与电动机相连以获得动力。扶梯两旁装有与梯路同步运行的扶手装置，以供乘客扶手之用。扶手装置同样由上述电动机驱动。为了保证自动扶梯乘客的绝对安全，要求装设多种安全装置。

4. 屏蔽门站台级控制的步骤

（1）将钥匙插入屏蔽门开关（初始位置为“OFF”位）。

（2）开门时，顺时针转动钥匙至“door open”位置并停留 4 s（不得拔钥匙），滑动门打开，“door open”灯亮，滑动门完全打开后，“door open”灯灭，门头灯常亮，开门操作完成。

（3）关门时，逆时针转钥匙至“door close”并停留 4 s（不得拔钥匙），滑动门开始关闭，“door close”灯亮，门头灯闪亮，滑动门完全关好后，“door close”灯灭，门头灯灭，关门操作完成。

（4）关门操作完成后，旋转钥匙至“OFF”位，再拔钥匙。

10. 屏蔽门的选择

屏蔽门具有能够给城市轨道交通车站增加安全性、降低能耗、减少噪声、提高城市形象等优点，但不是所有车站都适合安装屏蔽门。在考虑安装屏蔽门时，要对不同的线路与车站进行定位，以确定是否安装屏蔽门或安装哪种类型的屏蔽门。具体可以参考以下几点来考虑。

（1）就安全性来说，屏蔽门无疑会给轨道交通车站提供一个安全的候车环境，为了防范候车乘客跌入轨道、被列车夹伤，应该在城市轨道交通车站推广安装屏蔽门系统。

（2）从城市轨道交通车站的空间形式上看，有的在地下、有的在地面、还有的在高架桥上。对不同位置的车站，是否安装屏蔽门也应当区别对待。在地面和高架桥上的

城市轨道交通车站的环控都采用开放式系统，再加上受空间的限制较小，安全性较好，因此在地面和高架上的城市轨道交通车站一般可暂时不考虑安装屏蔽门。

（3）在那些常年需要空调进行环控的城市轨道交通车站，考虑屏蔽门系统初期安装费用及运营维修费用后，确实能够降低城市轨道交通运营费用的车站应安装第一种（上部封顶）类型的屏蔽门。

（4）我国地域辽阔，各地轨道交通地下车站的环控方案不尽相同，在南方城市安装屏蔽门能够节能，而对于北方城市就不大适用。北方（如北京市）不宜设置上部封顶形式的屏蔽门，如果确有必要安装，可考虑选择上部不封顶型的屏蔽门。

（5）为塑造国际化大都市的形象，有必要在城市轨道交通车站内加装屏蔽门。轨道交通是一个城市对外的窗口之一，车站安装屏蔽门之后，能够提高城市形象。

11. 避免屏蔽门事故

（1）加大对屏蔽门系统的检查，不忽略小细节，让事故消灭在萌芽状态，使屏蔽门系统能够安全可靠地服务于城市轨道交通、服务于乘客。

（2）发现故障应立即排除或是在故障处放置警示标志，以提醒乘客注意安全。

（3）站台工作人员在列车即将到站时提醒乘客不要靠近车门，上下车时请先下后上。

（4）在屏蔽门和车门之间加装照明设备和警报装置，避免乘客伤亡。

（5）完善安全系统和警示装置。

任务单（屏蔽门故障处理）

任务：屏蔽门故障处理

实训名称	屏蔽门故障处理	组别	
班级		学生姓名	
学习领域	车站日常工作处理		
学习情景	屏蔽门玻璃破碎处理		
任务内容			
情境	地点：城市轨道交通车组 人物：站台值班员、行车值班员 场景：站台值班员在巡视过程中发现屏蔽门滑动门玻璃破碎。		
演练	站台值班员马上将情况向行车值班员汇报“站控室，上行站台第10档滑动门玻璃发现有裂纹”。 行车值班员：“站控室明白，按规定处理。” 站台值班员：“站台值班员明白。”接着，站台值班员将有裂纹的滑动门隔离、断电，并用围栏（或人工）做好现场防护。 如该档滑动门的玻璃没有掉落下来，则将其左右相邻的两档滑动门隔离。手动打开后断电，保持门的常开状态，用封箱胶纸将玻璃贴住，在故障门上贴上告示。 对故障门和开启的门做好防护，维持好现场秩序。		

续表

完成本次任务后，归纳总结你应掌握的服务技巧：	
项目	得分
完成本次任务后，你对自己的评分（满分 10 分）	
各小组互评（满分 10 分）	
组内评分（满分 40 分） （1）参与小组讨论情况 （2）服务过程是否符合标准规范 （3）设备操作掌握情况 （4）归纳总结情况	
教师评分（满分 40 分） （1）出勤 （2）安全 （3）纪律 （4）职业素养 （5）任务完成情况 （6）归纳总结情况	
总分	

任务单（列车启动后突然紧急停车的处理）

任务：列车启动后突然紧急停车的处理

实训名称	列车启动后突然紧急停车的处理	组别	
班级		学生姓名	
学习领域	车站日常工作处理		
学习情景	车站突发事件处理		
任务内容			
情境	地点：城市轨道交通车站 人物：站台值班员、行车值班员 场景：站台值班员在接发列车时发现列车出站时紧急停车		

续表

<table>
<tr><td>演练</td><td colspan="2">站台值班员："站控室，上行站台进站列车突然紧急停车。"
行车值班员："站控室明白，看看有没有屏蔽门故障。"
站台值班员接到命令后，排查屏蔽门门头灯，然后向站控室汇报："站控室，经过排查，发现第18档屏蔽门故障，已进行隔离。"
站台值班员在故障门上贴上告示，对故障门做好防护，维持好现场秩序。
待车走后，站台值班员查看PSL上的绿灯是否不亮，若不亮则使用互锁解除，接发后续列车</td></tr>
<tr><td colspan="3">完成本次任务后，归纳总结你应掌握的服务技巧：</td></tr>
<tr><td colspan="2">项目</td><td>得分</td></tr>
<tr><td colspan="2">完成本次任务后，你对自己的评分（满分10分）</td><td></td></tr>
<tr><td colspan="2">各小组互评（满分10分）</td><td></td></tr>
<tr><td colspan="2">组内评分（满分40分）
（1）参与小组讨论情况
（2）服务过程是否符合标准规范
（3）设备操作、功能、原理掌握情况
（4）任务完成情况
（5）归纳总结情况</td><td></td></tr>
<tr><td colspan="2">教师评分（满分40分）
（1）出勤
（2）安全
（3）纪律
（4）职业素养
（5）任务完成情况
（6）归纳总结情况</td><td></td></tr>
<tr><td colspan="2">总分</td><td></td></tr>
</table>

案例分析（屏蔽门事故）

案例1：

2011年7月19日清晨5时左右，上海城市轨道交通10号线老西门站一屏蔽门玻璃突然爆裂，整块玻璃砸落满地。这已是城市轨道交通屏蔽门在6天内发生的第二起爆裂

事故，而此前这类事故从未出现过。屏蔽门的生产厂商西屋月台屏蔽门公司则未对此事件做出评论。之后城市轨道交通运营方通报，事故发生在清晨5时左右，玻璃的爆裂属“自爆”，没有外力作用。事故没有对运营产生影响，无人受伤。碎裂的是在10号线老西门站14、15号屏蔽门之间的固定玻璃墙，约有2米高、3米宽。细碎的玻璃散落在地面与轨道上。在破碎的玻璃外，有隔离带将破洞挡住。

中标公告显示，上海城市轨道交通屏蔽门造价不菲，一座城市轨道交通车站安装屏蔽门至少花费数百万元。在7月14日，11号线也发生过屏蔽门玻璃碎裂事故，情况与这起事故如出一辙。负责安装屏蔽门的上海嘉成轨道交通安全保障系统有限公司表示，此类玻璃自爆事故以往从未发生。没想到，“从未发生”过的事故，接连发生了两次，玻璃还产自两家不同的厂商。

案例2：

2007年7月15日下午3时半，上海城市轨道交通1号线体育馆站的站台上，一名20多岁的男乘客在蜂鸣器鸣响与屏蔽门灯光频闪的情况下挤车，被卡在列车与屏蔽门中间，并在列车启动后受挤压坠落隧道身亡。这类事故在国内城市轨道交通运营中尚属首例。2007年7月17日，经上海城市轨道交通公司披露，沪上媒体报道，此次事故中不幸死亡的男乘客事发时身上带有0.29克毒品，并发现其血液中含有毒品成分。这其中的寓意就值得我们深思了。

案例3：

2012年2月10日中午12点多，北京城市轨道交通5号线惠新西街南口站双向外侧屏蔽门故障，无法开启。在28分钟后，故障排除，城市轨道交通运营逐步恢复正常。北京城市轨道交通公司表示，故障发生后，车站迅速采取应急处置预案，屏蔽门故障原因待查。

案例4：

2012年8月17日，“车门开了，屏蔽门却关着，等意识到要换门下车时，列车已经关门启动了！”一位叫“时时”的网友向上海滩微博反映，轨道交通11号线上海汽车城站有一扇屏蔽门处于“故障”状态，让他错过了下车，印象中这已是他在同一处第二次遭遇“闭门羹”了。一位记者乘坐轨交11号线去一探究竟。在往安亭方向的列车驶入上海汽车城站时，记者根据网友的提示找准了车门位置。列车停靠后，车门缓缓开启，眼前果然就是那扇紧紧关住的屏蔽门，面向列车的方向竖了“故障”标牌。屏蔽门外一名站台员工挥手招呼道，“这扇门坏了，请换旁边的门！”车厢内几名欲下车的乘客赶紧跑到相邻车门，争先恐后下车。此处是往安亭方向的倒数第二站，为高架侧式车站，启用才2年多。显示“故障”无法开启的屏蔽门编号为17。记者在站台上观察了30分钟，途经此处的每列车均有乘客准备从17号屏蔽门下车，但站台上并不是时刻都有工作人员提醒。记者就目睹了一名手拎大包小包的中年男子要下车，无奈屏蔽门处于关闭状态，记者提醒他“换一扇门”，等他反应过来，准备拖着行李挪动时，车门上方已经闪灯，最终只能放弃下车。

案例分析：

（1）当列车到站停靠时，安全门和车门几乎同时开启，同时关闭。由于城市轨道交通列车停靠时间短（一般在20 s，大站在30～40 s），这对于行动迟缓的乘客来说，有可能被卡在安全门与列车之间，后果严重。

（2）屏蔽门能使站台保持恒温和有效地隔离列车驶入车站时的噪声，但是列车驶入车站时会产生巨大的热量，这对屏蔽门玻璃的要求就非常高，一旦破碎就很有可能造成乘客受伤及列车无法正常营运。

（3）在使用屏蔽门时，会因为检查不仔细，未能及时发现屏蔽门本身的故障（如钢架结构变形、密封材料松脱，固定门变形、松动脱落，应急门门锁失灵等），造成人员伤亡。

（4）站台工作人员在已发生故障的屏蔽门处，未及时设置故障提示或是在屏蔽门故障处提醒乘客，让乘客吃“闭门羹”，错过下车时间。

（5）乘客不顾工作人员的提醒倚靠在屏蔽门上，当屏蔽门开启时，反应不及时，可能发生摔倒等情况。

（6）在大客流情况下，乘客不按照“先下后上”的原则，往车门处拥挤，在车门关闭时，极可能会有乘客被关闭在屏蔽门与车门之间的缝隙里，如未能及时发现，会危害乘客的生命安全。

任务单（手摇道岔）

任务：手摇道岔

<table>
<tr><td>实训名称</td><td colspan="2">手摇道岔</td><td>组别</td><td></td></tr>
<tr><td>班级</td><td colspan="2"></td><td>学生姓名</td><td></td></tr>
<tr><td>学习领域</td><td colspan="4">车站日常工作处理</td></tr>
<tr><td>学习情景</td><td colspan="4">信号故障，须手摇道岔</td></tr>
<tr><td colspan="5">任务内容</td></tr>
<tr><td>情境</td><td colspan="4">地点：城市轨道交通车站
人物：站台值班员、值班站长、行车值班员
场景：临河街站信号故障，须手摇道岔</td></tr>
<tr><td>演练</td><td colspan="4">站台值班员（2人以上）确认道岔的状态。
（1）确认道岔的状态。
人员进入现场后，首先通过现场道岔号码标志，找到正确的道岔，由值班站长通过对讲机与行车值班员进行核对；核对时，行车值班员须通过视频监控进行确认。
行车值班员：“临河街站现场组，请准备仙台大街站上行至临河街职业学院站的列车进路。”
值班站长复诵：“排列仙台大街站上行至临河街职业学院站的列车进路，临河街站现场组明白。”</td></tr>
</table>

续表

<table>
<tr><td>演练</td><td>（2）道岔找到对应的道岔后，现场人员应重点检查道岔外观有无异状（如尖轨和杆件有无明显变形），滑床板有无异物卡阻、道岔是否密贴等情况，并及时报告行车值班员。行车值班员及时将异常情况报告行车调度员，并根据行车调度员的指示进行处理。
（3）确认道岔开通方向，并根据行车值班员命令转换道岔。
组长接到和复诵车控室值班员排列进路的命令后，借助现场线路方向标志，逐一确认进路上各道岔的开通方向及密贴情况。若道岔开通方向与行车值班员下达的进路一致且道岔密贴，该道岔无须转换；若不一致或道岔不密贴，该道岔需转换。
现场组长向行车值班员汇报："站控室，仙台大街站上行至临河街职业学院站的列车进路准备完毕。"
站台值班员："站控室，仙台大街站上行至临河街职业学院站的列车进路准备完毕，仙台大街站×××明白，请再次确认。"
转换道岔时，每副道岔由两人协调配合，同时进行。一名站台值班员操作，另一名站台值班员负责瞭望并复诵。
①首先用钥匙打开转辙机遮断器钥匙，并向上拉开遮断器。
②用专用手摇把打开手摇把孔盖，将手摇把插入摇把孔，直至不能再往里推为止。
③两人同时摇动手摇把（一般情况下，顺时针方向摇动时道岔尖轨向前移动，逆时针方向摇动时道岔尖轨向后移动。若发现道岔未动作时，两人应反向摇动），直到正常力量摇不动为止。立即检查道岔尖轨与基本轨的密贴情况，目测确认密贴（指肉眼观察道岔尖轨与基本轨间无明显缝隙）后，现场人员必须及时取下手摇把。
（4）确认进路开通情况。
待进路上所有道岔均转换到位、完成机械锁闭和道岔尖轨密贴后，值班站长带领人员共同确认进路开通情况，其方法是：面对尖轨，顺着未与尖轨密贴的基本轨的走向来判断进路方向，未与尖轨密贴的基本轨开通的方向即为进路开通方向。
（5）对进路上的所有道岔加锁。
组长带领人员共同确认进路开通方向正确后，利用钩锁器将进路上的所有道岔进行加锁。利用钩锁器加锁的方法如下。
①加锁位置：在靠近尖轨段的转辙机两个连接拉杆中间处，对尖轨和基本轨进行钩锁。
②先用钩头钩住内侧尖轨，再用钩尾钩住外侧基本轨。
③先用手转动钩锁器尾端两颗螺帽，再用扳手分别拧紧。
④用脚蹬碰钩锁器，以检验钩锁器钩锁是否牢固。
（6）向行车值班员汇报。
进路上所有道岔钩锁完成，检查岔区无工具、备品等遗留物品，进路上无障碍物后，值班站长利用对讲机（轨旁电话作为辅助联系方式）向行车值班员汇报进路准备情况。其汇报用语为："站控室，现场组呼叫，××进路已准备妥当、所有道岔尖轨密贴、钩锁器钩锁良好、进路无障碍物。"</td></tr>
</table>

续表

演练	（7）根据行车值班员要求再次确认。 行车值班员听取现场汇报后，向现场组长下达再次确认进路的命令，其用语为“请现场组再次确认”。 值班站长确认后：“仙台大街站控室，经再次确认，仙台大街站上行至临河街职业学院站列车进路已准备完毕。” 行车值班员：“再次确认，仙台大街站上行至临河街职业学院站的列车进路已准备完毕，站控室明白。” 值班站长带领人员再次确认进路开通方向、尖轨密贴情况、钩锁器钩锁情况和进路无障碍物后，向行车值班员再次汇报。行车值班员通过视频监控再次确认并回复现场组，其用语为“经再次确认，××进路已准备妥当、所有道岔尖轨密贴、钩锁器钩锁良好、进路无障碍物，站控室明白”。 行车值班员确认进路已准备好后向行车调度员汇报：“行调，仙台大街站上行至临河街职业学院站的列车进路已准备完毕。” （8）填写和交付路票，显示调车手信号。 当需手摇道岔办理进路时，进路失去联锁保护，根据行车规章的要求，采用电话闭塞解除法行车，列车出发及进入下一个车站的行车凭证为路票，接车站须显示引导接车手信号。 （9）听取列车发车或折返报告。 列车发车或折返后，值班站长向行车值班员进行报告；同时行车值班员应通过视频监控等设备进行确认，并填写“行车日志”
完成本次任务后，归纳总结你应掌握的服务技巧：	

项目	得分
完成本次任务后，你对自己的评分（满分 10 分）	
各小组互评（满分 10 分）	
组内评分（满分 40 分） （1）参与小组讨论情况 （2）服务过程是否符合标准规范 （3）设备操作、功能、原理掌握情况 （4）任务完成情况 （5）归纳总结情况	

续表

教师评分（满分40分） （1）出勤 （2）安全 （3）纪律 （4）职业素养 （5）任务完成情况 （6）归纳总结情况	
总分	

案例分析（道岔事故）

案例：

1999年2月13日11：30分起，××车在6道（洗车线）进行洗车，12：52分第二次洗车完毕，司机郭、副司机邝未与信号楼值班员联系，未确认进厂信号机，亦未确认道岔，擅自动车（当时速度为15 km/h），12：54分将车厂4#交叉道岔挤坏。信号楼值班员听到挤岔警示后，立即用电台呼叫司机停车，司机采取紧急停车，列车越过4#岔尖轨28～30 m时停稳，造成了挤岔。维修工程部接到挤岔报告后，立即组织通号车间、工建车间等技术人员赶赴现场进行抢修。经现场检查，将4#交分道岔更换了1个道岔连接表示杆、2个挤岔销后，15：13分道岔验收合格，恢复正常使用。根据《行车事故管理规则》第十条的规定，本次事故定性为一般事故。

1. 事故原因分析

（1）司机、副司机安全意识不强，动车前未确认信号、进路、道岔，又未与车厂信号楼的值班员联系，是造成这起事故的主要原因。

（2）当值班司机、副司机简化作业程序，未认真执行呼唤应答制度。

（3）进厂信号机设在线路左侧，该机班未认真确认。

2. 防范措施

（1）强调“安全第一”的指导思想，各工种密切配合，加强联系。如列车进、出车厂前，司机须与信号楼值班员联系，确认信号、进路后方可动车。

（2）司机驾驶中及动车前的呼唤应答不能流于形式，要落到实处。

（3）各级人员须认真检查、监督规章制度落实情况，保证规章制度得到不折不扣的执行。

（4）车厂派班员在向司机安排作业计划时，须同时布置安全注意事项。

任务单（使用自动售票机购票）

任务：使用自动售票机购票

<table>
<tr><td>实训名称</td><td>使用自动售票机购票</td><td>组别</td><td></td></tr>
<tr><td>班级</td><td></td><td>学生姓名</td><td></td></tr>
<tr><td>学习领域</td><td colspan="3">车站日常工作处理</td></tr>
<tr><td>学习情景</td><td colspan="3">站厅值班员帮助乘客在非付费区使用自动售票机购票</td></tr>
<tr><td colspan="4">任务内容</td></tr>
<tr><td>情境</td><td colspan="3">地点：城市轨道交通车站非付费区
人物：站厅值班员、乘客
场景：按地图购票、按线路购票、按票价购票</td></tr>
<tr><td>演练 1</td><td colspan="3">按地图购票。
(1) 选择目的站点。
如图 4－23 所示，进行目的站点的选择。 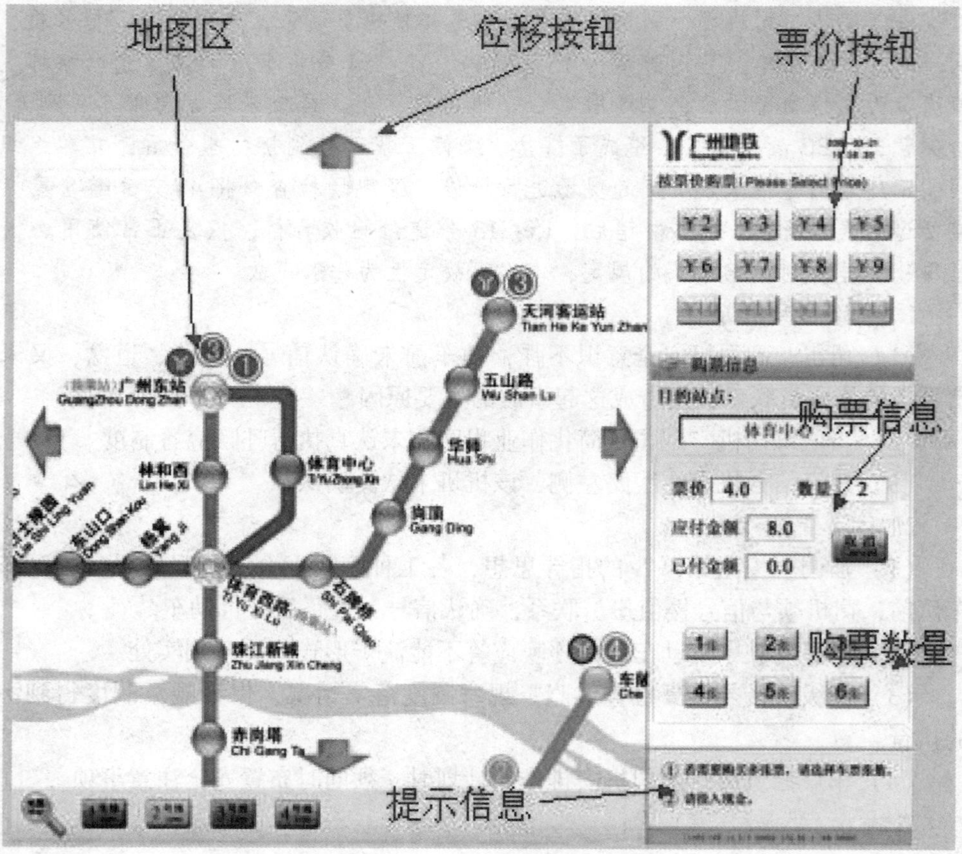
图 4－23　选择目的站点</td></tr>
</table>

续表

演练 1	（2）投币。 ①在主界面点击地图区域，地图区域放大，此时可以点击站点，或通过位移按钮调整显示区域并选择站点。 ②选择目的地站点后，购票信息窗口将显示所到目的站点的名称、票价、数量（默认为一张）、应付金额和提示信息，如需要修改购票数量，可直接点击购买票数量按钮。 ③如图 4－24 所示，投入购票款，购票信息窗口实时显示投入的购票款金额。当有现金投入后，选择车票数量按钮、票价按钮、线路按钮和地图按钮均无效；当投入的购票款足够后，自动售票机将自动完成出票，并计算找零。 （3）出票。 投入完足够票款后，自动售票机自动进行出票和计算找零。 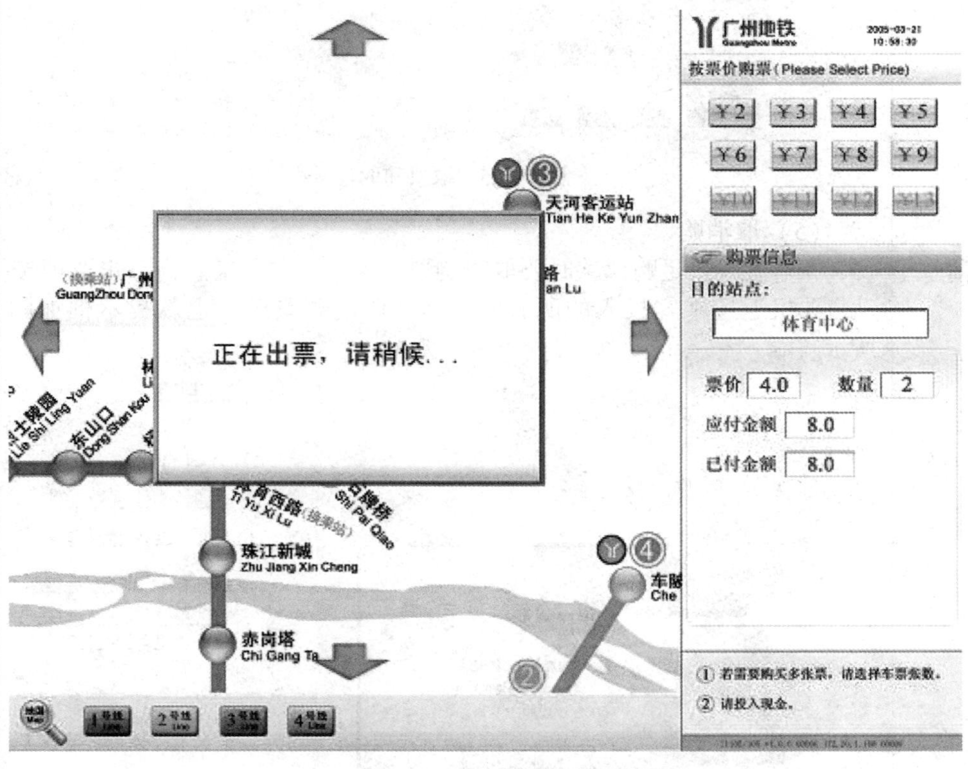 图 4－24　购票信息框 （4）取票。 如图 4－25 所示，出票完成之后，自动售票机会弹出提示框，提醒乘客取票和取找零，并结束购票流程，操作面板显示待购票界面，系统等待下一个乘客的操作。

续表

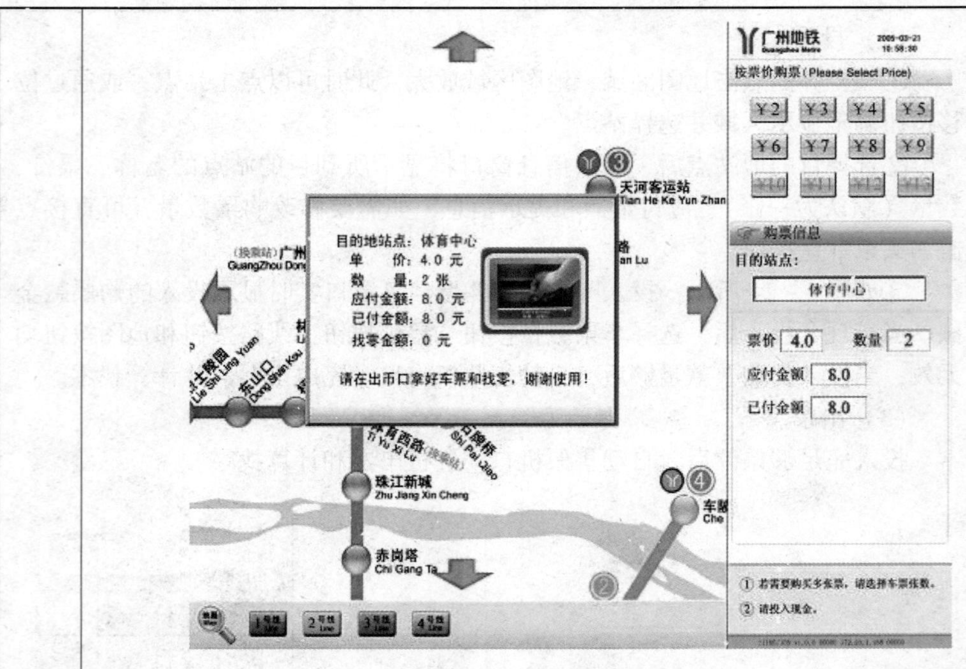

图 4－25　取票和取找零提示框

（5）取消购票。

演练 1　乘客在未投足购票款时要取消购票，则可在购票信息窗点击取消按钮，自动售票机返还乘客投入的所有购票款。取消购票后的退款提示框如图 4－26 所示。

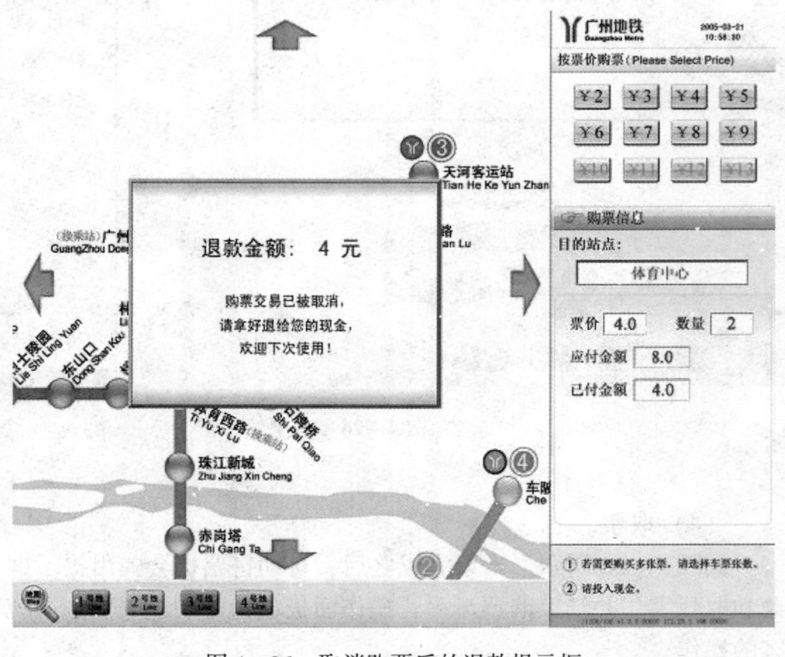

图 4－26　取消购票后的退款提示框

续表

演练2	按线路购票。 如图4－27所示，根据线路选择目的站点。 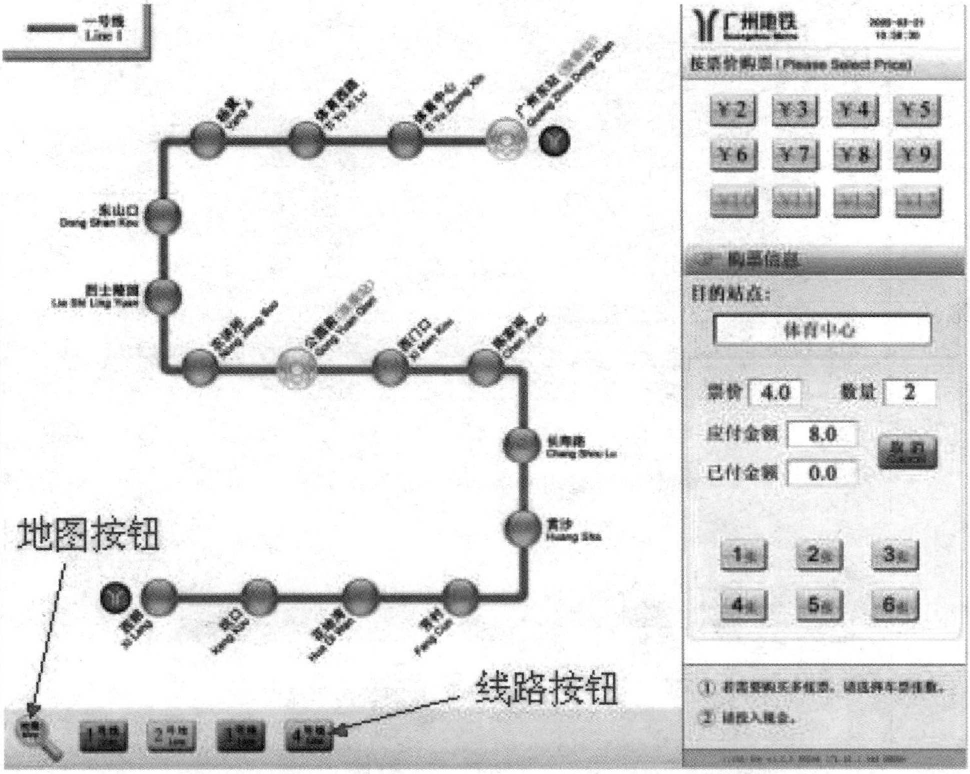 图4－27　根据线路选择目的站点 乘客在操作面板选择所要乘坐的线路按钮，地图区域将显示该线路地图。如果此时乘客希望采用地图浏览购票方式，可以点击地图按钮进行切换。
演练3	按票价购票。 如图4－28所示，在待购票界面直接选择单程票票价，自动售票机直接显示票价所对应的站点列表。

续表

<table>
<tr><td>演练 3</td><td colspan="2">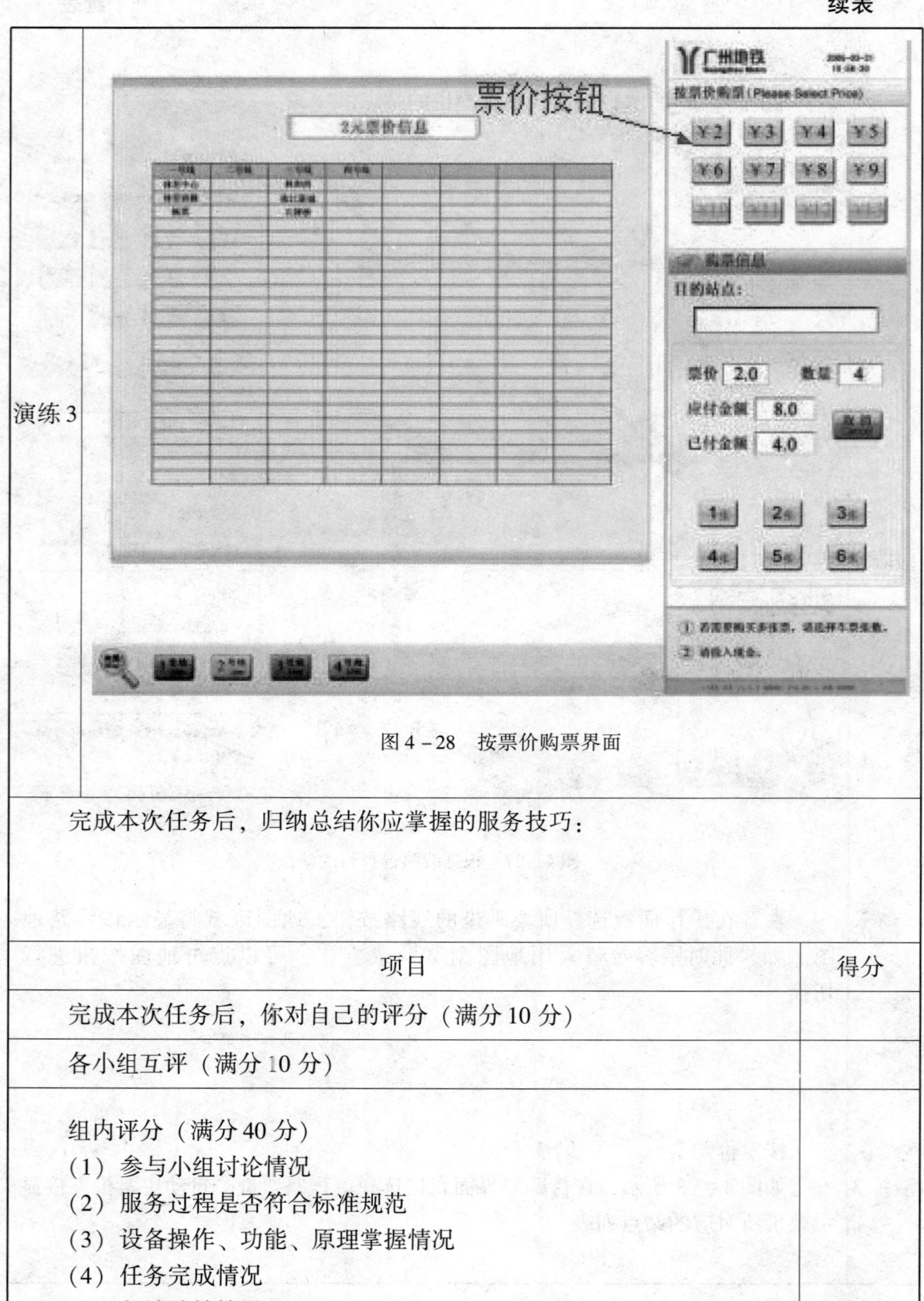

图 4－28　按票价购票界面</td></tr>
<tr><td colspan="3">完成本次任务后，归纳总结你应掌握的服务技巧：</td></tr>
<tr><td colspan="2">项目</td><td>得分</td></tr>
<tr><td colspan="2">完成本次任务后，你对自己的评分（满分 10 分）</td><td></td></tr>
<tr><td colspan="2">各小组互评（满分 10 分）</td><td></td></tr>
<tr><td colspan="2">组内评分（满分 40 分）
（1）参与小组讨论情况
（2）服务过程是否符合标准规范
（3）设备操作、功能、原理掌握情况
（4）任务完成情况
（5）归纳总结情况</td><td></td></tr>
</table>

续表

教师评分（满分40分） （1）出勤 （2）安全 （3）纪律 （4）职业素养 （5）任务完成情况 （6）归纳总结情况	
总分	

任务单（使用自动售票机充值）

任务：使用自动售票机充值

实训名称	使用自动售票机充值	组别	
班级		学生姓名	
学习领域	车站日常工作处理		
学习情景	站厅值班员帮助乘客使用自动售票机充值		
任务内容			
情境	地点：城市轨道交通车站非付费区 人物：站厅值班员、乘客 场景：使用自动售票机充值		
演练	（1）进入充值界面。乘客在主界面选择充值按钮，自动售票机将切换到充值界面，提示乘客插入储值卡。此时选择车票数量按钮、票价按钮、线路按钮和地图按钮均无效。 （2）提示插卡界面。将储值卡插入面板上的插卡口，系统会自动识别卡的类别。此时按“取消”按钮可取消当前的充值操作，并退出乘客储值卡。提示乘客插入储值卡界面如图4－29所示。		

续表

<table>
<tr><td rowspan="1">演练</td><td>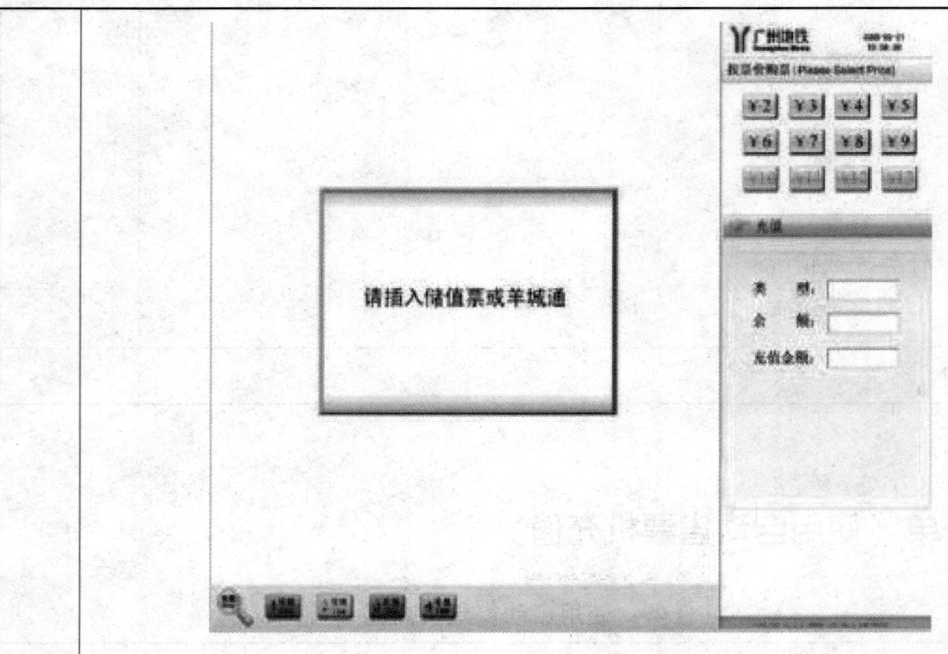

图 4－29　提示乘客插入储值卡界面

（3）投入现金界面。如图 4－30 所示，根据界面提示，输入充值金额，自动售票机提示投入充值现金，通过纸币接收器支付充值款。此时按“取消”按钮可取消当前的充值操作，自动售票机将返还投入的所有现金和退出乘客储值卡。

图 4－30　投入现金界面</td></tr>
</table>

续表

演练	（4）充值成功界面。如图 4－31 所示，当乘客投入了纸币后，自动售票机对面额进行识别，如果乘客放入其他面额的纸币（如：5 元、10 元、20 元等），或其他不可识别的货币，自动售票机将拒绝接收。 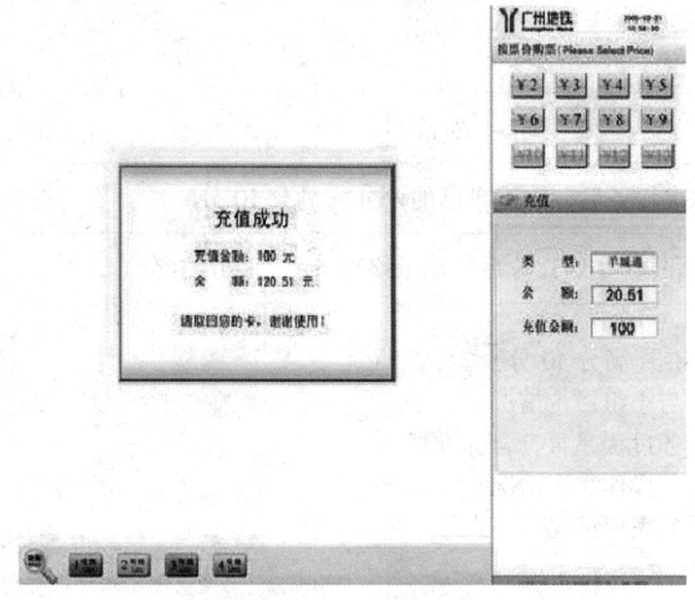 图 4－31 充值成功界面 （5）充值失败界面。如图 4－32 所示，如果自动售票机由于产生错误而无法完成充值，将返还乘客投入的所有现金。自动售票机根据错误类型，进行自动恢复或进入相应的功能受限运行模式。 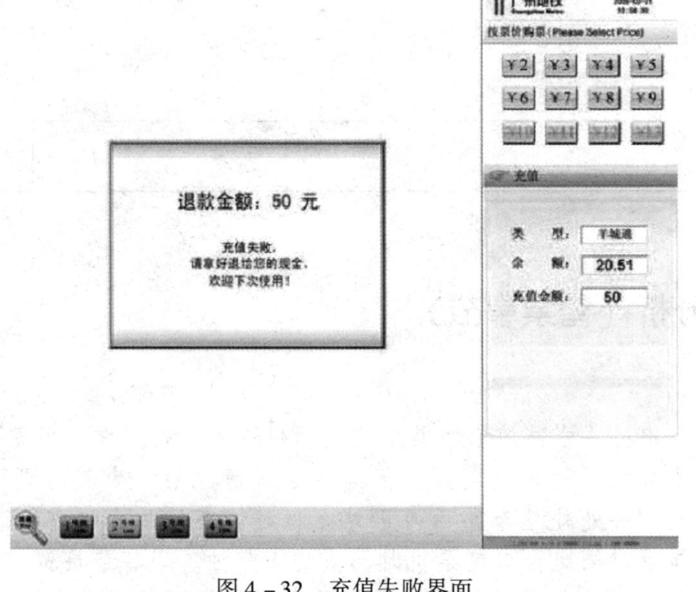 图 4－32 充值失败界面

续表

<table>
<tr><td colspan="2">完成本次任务后，归纳总结你应掌握的服务技巧：</td></tr>
<tr><td>项目</td><td>得分</td></tr>
<tr><td>完成本次任务后，你对自己的评分（满分 10 分）</td><td></td></tr>
<tr><td>小组互评：（小组讨论后给出最终得分）（满分 10 分）</td><td></td></tr>
<tr><td>评分标准（满分 40 分）
（1）参与小组讨论情况
（2）服务过程是否符合标准规范
（3）设备操作掌握情况
（4）任务完成情况</td><td></td></tr>
<tr><td>教师评分（满分 40 分）
评分标准
（1）出勤
（2）纪律
（3）职业素养
（4）任务完成情况
（5）归纳总结情况</td><td></td></tr>
<tr><td>总分</td><td></td></tr>
</table>

案例分析（售票事故）

案例：

乘客陈小姐持一张储值卡在某站通过闸机进入下行方向的付费区。当其发现进错方向后，便告知站厅值班员何某，何某在了解情况后，为其打开下行员工通道，并要求陈小姐到票务处处理车票后再进站。当时该车站的自动售检票系统设备时间不一致，闸机显示时间比窗口制票机时间快约 4 分钟。当售票员黄某在窗口制票机模式下对车票进行分析，看到“更新”功能显示实体，于是进行更新并确认。操作完毕

后发现已错误扣费2元，于是立即向陈小姐解释，说明愿意补还2元现金给乘客。同时也立即向何某说明此事。何某向乘客进行解释，并且再次表示退还2元现金给乘客，但是该乘客拒不接受，并且表示：要用自己的方式来解决此事后乘车离去。

分析：

（1）车站未及时处理车站自动售检票系统设备时间不一致的问题。导致闸机时间比BOM时间快约4分钟。

（2）售票员黄某实操业务技能欠佳，在点击“更新”时没有注意确认相关信息，从而造成错误扣费；同时未做好乘客解释工作，负主要责任。

（3）站厅值班员何某未做好乘客的引导工作，使该乘客进错方向；未主动带该乘客到票务处更新，未向售票员说明情况；同时未做好乘客解释工作，负次要责任。

附录 A　站务员各类报表填写规定

（以广州地铁为例，一、二号线车站票务报表填写说明）

一、《售票员结算单》填写说明

（一）该报表在客运值班员给售票员配车票、票据、备用金及中途追加车票、备用金，客运值班员预收款和给售票员结账等情况下填写。

（二）“时间”栏由售票员以 24 小时制填写上岗时间。

（三）车站每一售票员售卖地铁 IC 卡车票、羊城通车票、纸票、E/S 预制票（分限期预制票和不限期预制票两种）时，在同一张《售票员结算单》上分区填写。地铁车票免费更新凭证、地铁免费乘车/退款凭证发放时在《售票员结算单》“地铁 IC 卡车票”分区的空白栏处填写。

（四）“配备用金金额”栏填写给售票员所配的各次备用金金额（含上岗前所配备用金和中途追加的备用金），配发备用金的客运值班员应在“值班员签名”中对应栏签章确认。

（五）各分区的“票种”列按车票及票据的种类进行填写。纪念票按发行的先后顺序填写在“地铁 IC 卡车票”分区的空白栏。发售 9 元组合纸票时在“纸票”分区对应“票种”栏的空白栏处填写为“8 + 1 元”“开窗张数”“关窗张数”及“出售金额”栏均不需填写，“出售张数”栏填写所发售的 9 元车票的张数，该张数不计入“小计金额（3）”的出售张数栏。

（六）“开窗张数”列填写客运值班员配给售票员的各票种车票的张数。当配发车票数量不足需要追加时，则“开窗张数”列用“A + B + …”形式表示（A 为上岗前所配张数，B 为追加张数）。

（七）“关窗张数”列填写本班售票结束后，客运值班员回收的各票种车票的实际张数。

（八）“开窗张数”和“关窗张数”栏原则上不允许更改，确实是由于笔误而必须更正的，在更改后必须由当事人双人共同确认并签章。

（九）地铁 IC 卡车票、羊城通车票对应“出售”栏的“其他”列填写 BOM 产生的废票数、发售不成功的车票数或售票员遗失的车票数等，若某一售票员同一班内发生了多种情况需记录在“其他”列，则填写各情况涉及的车票总张数。（车站确认售票员当班期间遗失车票时，售票员无须即时补款，而是根据之后调度票务部下发的《补款通知》的相关规定进行补款。）

（十）各票种车票对应的“出售张数”（用 M 表示）的计算公式为：“出售张数” = “开窗张数” – “关窗张数” – “其他张数”。

（十一）IC 卡储值票对应“出售”栏的“押金”列计算方法为“M × 20”，羊城通对应“出售”栏的“押金”列计算方法为“M × 30”。

（十二）地铁 IC 卡储值票对应的“出售金额”栏无须填写；“零值 OCT”对应的

“出售金额”栏按《羊城通业务统计报表》中记录的加值金额填写（每日运营结束，晚班客运值班员打印了《羊城通营业日业务统计报表》后，将《羊城通营业日业务统计（按操作员）报表》和相应《羊城通业务统计报表》中的加值金额数据相互核对，若两份报表的加值金额数据不一致时，由晚班客运值班员根据《羊城通营业日业务统计（按操作员）报表》记录的加值金额，修改“零值OCT”“小计金额（2）”和“小计金额（1）”三栏分别对应的“出售金额”项。当羊城通充值机故障无法打印相关报表时，当天的充值收入全部记入“地铁IC卡车票”中“小计金额（1）”对应的“金额”项。赋值羊城通对应的“出售金额”按“M×50”计算填写；纸票和预制票对应的出售金额按“M×相应票价”计算填写。

（十三）地铁车票退款情况反映在“地铁IC卡车票”栏内，以负值形式表示。IC卡储值票退款总计金额填写在“IC卡退款”栏，分“押金”和“金额”两列填写；单程票退款金额填写在“单程票退款”对应的“金额”栏。

（十四）“小计金额（2）”栏分别填写羊城通出售押金总数和加值金额总数。

（十五）“小计金额（3）”栏和“小计金额（4）”栏分别填写纸票和预制票的出售总金额。

（十六）“小计金额（1）”栏“押金”项计算公式为：“小计金额（1）”栏“押金”项=各地铁IC卡车票出售押金总额+退款IC卡车票押金总额（负值）；“小计金额（1）”栏“出售金额”项计算公式为：

“小计金额（1）”栏“出售金额”项=“实收总金额”－“小计金额（1）”栏“押金”项－“小计金额（2）”栏“押金”项－“小计金额（2）”栏“出售金额”项－小计金额（3）“出售金额”项－小计金额（4）“出售金额”项。

（十七）“预收款金额”栏填写客运值班员在售票员结账前从该班售票员处收取的现金总额，要求客运值班员签章确认，并填写收款人员工号。

（十八）“实收总金额”栏填写售票员的实际收入金额，公式为：实收总金额=结账时的实点现金总额+预收款金额－所配备用金总额。该栏原则上不允许更改，确实是由于笔误而必须更正的，在更改后必须由当班客运值班员、值班站长及售票员本人三人共同确认并签章。

（十九）乘客事务差额根据《乘客事务处理单》（OP105）“现金事务－涉及金额”的“小计”金额，填写在“地铁IC卡车票”分区的“乘客事务差额”对应的“金额”栏，分正、负值填写。

（二十）其他在售票过程中发生的与收益有关的异常事件需在“备注”栏相应项填写。

（二十一）“结算情况”栏不需车站员工填写。

（二十二）车站客运值班员或以上级别人员在BOM上预制单程票的报表填写规定如下：

1. 车站在BOM上预制的单程票在《售票员结算单》上的票种填写名称为“BOM ×元预制票”。

2. 车站客运值班员或以上级别人员在BOM上预制单程票时，需单独填写一张《售票员结算单》，在“地铁 IC 卡车票”分区内分票价将预制的张数填写在对应“出售张数”栏，发售不成功的车票填写在“其他”栏，“实收总金额”填写为 0；“开/关窗张数”和“出售金额”等栏无须填写（车站在 BOM 上预制单程票时，每预制完一种票价的车票，需在 BOM 上签退重新登录后再进行另一票价单程票的预制工作）。

3. 车站客运值班员或以上级别人员将 BOM 上预制的单程票配发给售票员或调到其他站时，需在记录预制情况的《售票员结算单》的“备注”栏注明预制车票的去向（需分票价具体注明配给了哪些售票员、相应的配发数量或调到了哪个车站、相应的调配数量）。

4. 售票员将具体的售卖情况分票价填写在“地铁 IC 卡车票”分区的空白栏，对应“开/关窗张数”“出售张数”“其他”和“出售金额”栏进行计算填写。

5. 售票员售卖本站预制或他站调入的 BOM 预制票时，均无须在相应《售票员结算单》的“备注”栏注明所售卖的 BOM 预制票的来源。

（二十三）票务处临时顶岗人员若在 BOM 上进行了涉及现金的操作，需单独填写一张《售票员结算单》。

（二十四）若客户用支票从车站购买团体储值票，车站在 BOM 进行相应储值票的发售操作时，需单独填写一张《售票员结算单》，填写相应票种对应的“开/关窗张数”和“出售张数”栏，“实收总金额”填写为 0，并在“备注”栏注明“支票购买团体××储值票，每张赋值×元”。

（二十五）车站在配发不限期预制票时，需根据《车票详情单》将当天所配的预制票出售期限、出售车站在“备注”栏注明。

二、《车票退款记录表》（OP102）填写说明

（一）车票不再存在补值换票情况（包括老免卡旧卡换新卡），统一按退款方式处理并填写 OP102。

（二）车站处理以下情况应及时填写 OP102：

1. 开出 OP103；

2. 给 OP103C 办理退款；

3. 办理储值票、单程票（含特殊、应急情况下的单程票退款）、纸票等退款；

4. 上交除回收箱回收的储值票外，其他须随当日报表上交票务分部的车票、票据时。

（三）“开出 OP103 共张”栏填写该班售票员所办理的 OP103 的张数（不包括作废联）；“NO:”栏填写所办理的 OP103 的单号（若为作废的 OP103，需在单号后注明“作废”）。若一班售票员填写了多张 OP102，则在第一张 OP102 上填写相应内容。

（四）办理车票退款时需按“普通 TOKEN/纸票退款”“储值票退款”分区填写。“票种”按车票种类填写。若乘客持 OP103C 前来办理时，填写在“储值票退款”区，“票种”栏填写为“OP103C”（OP103C 需随报表上交票务分部），“乘客签名”栏不需乘客再签名（乘客已在 OP103C 上签名）。

（五）“车票 ID”栏填写 BOM 分析显示的“卡号”后十位或所办理车票面编号的后十位，若为纸票则填写票面的编号。若乘客持 OP103 的收据前来办理的，“车票 ID”

填写 OP103C 的编号。

（六）“余值”栏填写按票务相关规定确认后的车票余值，若填写错误需修改时应要求乘客确认，并请乘客在更改后的内容旁签名。若按规定需扣除车票最小车程费的，填写为 A（B）的形式，A 为实际退还乘客的票款，B 为 BOM 上分析的车票余值；OP103C 按《无效票处理通知书》上所注明的“车票余值”填写。

（七）“卡押金”栏填写相应车票允许退的押金额；OP103C 按《无效票处理通知书》上所注明的“车票押金”填写。若填写错误需修改时应要求乘客确认，并请乘客在更改后的内容旁签名。

（八）“乘客签名”栏由乘客填写。

（九）除回收箱回收的储值票外，其他随报表上交票务分部的车票均应在“备注”栏注明票种、张数，并说明相应上交原因。“备注”栏的“上交车票共张”无须填写。车站上报部门票务主管或以上领导审批同意的特殊单程票退款数量填写在“备注”第 1 点“特殊退款张”栏。车站在列车故障等应急情况下办理相关业务需上交的单程票（含纸票），办理其他乘客事务时回收的单程票、未出售的 BOM 预制票等填写在“备注”第 5 点“其他车票”栏。办理的 OP103 和 OP103C 不在“备注”栏中反映。如果一班售票员填写了多张 OP102，则在第一张 OP102 上反映本班共上交的车票情况。

（十）“普通 TOKEN/纸票退款”区的“办理时间”填写办理退票（纸票除外）的时间，以 BOM 显示的时钟时间为准。“确认人”由值班员签章确认。若是经审批同意办理的特殊退款，须在该条退款记录的空白处注明“审批同意”。

（十一）车站在处理“列车晚点”“运营故障需清客”“列车越站”和“车站出现火灾等紧急情况”给乘客办理单程票退款及上交回收车票时与正常情况下的单程票退款填写在同一份表上。处理“列车晚点”“运营故障需清客”时，当天办理持凭证及车票退款或者非付费区持单程票退款的相同业务可合并填写为一条记录，非当天办理的须每笔分开填写。在处理“列车越站”和“车站出现火灾等紧急情况”时，办理的退款须每笔分开填写。

（十二）晚班客运值班员需将所有 OP102 的第二联订在车票归整信封上。

三、《无效车票处理申请表》（OP103）填写说明

（一）此表分为 A、B、C 三部分，C 部分称为“车票处理申请表收据”，简称 OP103C。

（二）此表在售票员为乘客办理在 BOM 上不能确定车票余值的无效 IC 卡储值票时填写。

（三）“车票票面编号”栏填写车票票面编号后十位。

（四）“拒收原因”栏填写 BOM 分析的结果。

（五）此表 A 部分“备注”栏的填写：

1. 售票员选择“在非付费区办理”或“在付费区办理”相应项打钩，若为付费区办理，需注明乘客的进站车站；

2. 办理人确认车票的票面情况：若车票折损，则在“车票折损，具体表现在：”后用文字具体描述车票折损的情况；车票票面完好的，无须在“车票票面完好”后的括

号内打钩，也无须乘客签名确认。

3. 要求乘客确认车站办理人员填写的车票情况（具体指车票折损、学生所持学生票无效又未带钱、付费区办理无效票、免费给其发售车票等情况）后，在“乘客签名”栏签名确认。需车站办理人员备注说明时，如A部分位置不够，可在B部分填写，并相应地请乘客在B部分空白处签名确认。

（六）此表A部分的“无效票分析员填写”栏，无须车站人员填写。

（七）该表B部分内容全部由乘客自行填写。“联系电话”栏填写乘客有效电话号码；“您对车票估值”栏填写乘客对该张车票所剩余值的估值。

（八）OP103C的“备注”栏填写：

1. 办理人确认车票的票面情况：若车票折损，则在“车票折损，具体表现在：”后用文字具体描述车票折损的情况；车票票面完好的，无须在“车票票面完好”后的括号内打钩，也无须乘客签名确认。

2. 乘客确认车站办理人员填写的车票票面情况（具体指车票折损、学生所持学生票无效又未带钱、付费区办理无效票、免费给其发售车票等情况）后，在“乘客签名”栏签名确认。

（九）OP103C的“乘客签收”部分的“收到结余值”“乘客签名”和“办理日期”栏均由乘客填写，其中“收到结余值”填写乘客收取的退款总金额（含押金和余值）。OP103C“乘客签收”上方的“办理人签章”和“办理人员工号”由开出OP103的售票员填写；OP103C“乘客签收”下方的“办理人签章”和“办理人员工号”由办理OP103C退款的售票员填写。

（十）乘客持无效储值票乘车未带钱，凭OP103C领取一张目的地单程票时，在OP103A及OP103C的“备注”栏注明“免费给乘客发售一张×元单程票”，请乘客签名确认。

四、《乘客事务处理单》（OP105）填写说明

（一）车站办理乘客事务时需填写OP105。

（二）乘客事务分为“现金事务”和“非现金事务”两类，分区填写。现金事务包括：TVM少找零；TVM卡币；TVM少出票；TVM发售无效票；BOM发售无效票；OCT免费更新；特殊情况下的储值票免费更新；BOM全部故障对付费区内超时、超程、无票的乘客的事务处理；对付费区内持故障羊城通车票无法出站的乘客事务的处理；特殊情况下的退款；储值票及羊城通无效，乘客未带钱情况下的处理等。非现金事务包括：闸门被误用；车票无效不能出闸；乘客无票或持过期单程票、人为折损单程票乘车等。

售票员根据实际发生情况在相应栏打钩、说明或在“事件详情”的“其他”栏详细填写。关于TVM的乘客事务须注明TVM的编号及涉及的金额；若发生OCT进出站码错误按规定给予免费更新的乘客事务时，须注明车票的票面编号及所符合免费更新的条件；若办理羊城通故障卡时，乘客因特殊原因无法支付车程费，须注明所欠地铁车程费；若凭OP103C领取目的地单程票时须注明OP103单号。

（三）“处理结果”栏由售票员根据实际处理情况填写处理结果。当售票员进行异常乘客事务的处理时，还需备注所涉及的车票 ID、设备号、收取本次车程费，以及在 BOM 上对该张票卡的处理情况。若填写错误需修改涉及金额时应要求乘客确认，并请乘客在更改后的内容旁签名。其他内容更改，则无须乘客确认。

（四）“涉及金额 +/-”栏填写处理乘客事务所造成的差额数，分正（+）、负（-）差额填写，正差额为因办理乘客事务增加的收入，如 BOM 全部故障处理付费区内超时、超程、无票等乘客事务时所收的现金、对付费区内持故障羊城通车票无法出站的乘客收取的车程费等；负差额为因办理乘客事务减少的收入，如 TVM 卡币、少出票、少找零和发售无效票时在 BOM 上给乘客免费发售有值单程票或退款而减少的收入等。

（五）“乘客资料”栏由乘客填写，若是车站发售付费出站票，则无须填写。

（六）办理乘客事务填写 OP105 时均要求车站客运值班员以上人员到现场确认处理情况。

（七）“小计”栏对应的“发售免费出站票共张”（该栏是专指本张 OP105 共办理的免费出站票张数）、“发售付费出站票共张”“现金事务”对应“涉及金额 +/-”栏的“小计”等项由售票员计算填写，并签章确认；负责给售票员结账的客运值班员复核后在“小计”对应的“确认人”栏签章确认。小计栏对应的“BOM 发售有值 TOKEN 共张”无须填写。

（八）“事件详情”“涉及金额”“非现金事务”栏“发售免费出站票一张”“发售付费出站票一张”项填写错误需更改时，须由当事人双人签章确认。

五、《车站营收日报》（OP201）填写说明

针对车站解行方式不同的特点，采用不同的《车站营收日报》填写方法：不采用打包返纳方式的车站填写《车站营收日报（一）》；采用打包返纳方式的车站填写《车站营收日报（二）》。

（一）由每班客运值班员根据《钱箱清点报告》《售票员结算单》《特殊情况票款交接记录表》、TVM 打印的补币单及团体单程发票等记录填写本班的运营收入情况，再由每日的晚班客运值班员计算车站当日的营收情况并完成该报表。

（二）“票款结存”对应“本日”栏填写本日未解行的营收金额，若是非打包返纳车站，则使用表（一），只填写“隔夜票款金额”栏；若是打包返纳车站，则使用表（二），分“隔夜票款金额”“上日结存送行金额”“本日送行金额”和“合计”四栏填写。其中“上日结存送行金额”填写在本日以前已送银行但现金送款单仍未盖章返还车站的金额；“本日送行金额”根据车站本日放入尾箱中的《现金交款单》上的金额填写；“合计”栏填写前三项之和。表（一）、表（二）“票款结存”“上日”栏对应的各栏根据上日的《车站营收日报》“票款结存”“本日”栏中的对应数填写。

（三）“本日 TVM 购票金额”根据当日车站所有投入使用的 TVM 的结账列印单中“普通票现金买票”金额之和填写。若当日某台 TVM 无法打印结账列印单时，则该台 TVM 以 SC《自动售票机车票发售统计》报表中的普通单程票现金购票金额数据统计（该 SC 报表须随当日报表上交票务分部）。

（四）“TVM 收入”栏中“钱箱票款”一项根据《钱箱清点报告》中钱箱金额分早、晚班填写。当日更换、清点并解行的钱箱收入记入早班，当日其他钱箱收入记入晚班。“钱箱差额”对应早班、晚班钱箱差额填写。“手工清出”栏根据《特殊情况票款交接记录表》中“TVM 其他票款来源”对应的“总计金额”填写。“补币金额”栏中的“晚班补币金额”项根据 TVM 打印的补币单记录的补币金额合计填写，以负值表示。“小计（1）”栏填写“TVM 收入”各早、晚班对应项之和。

（五）“IC 卡押金（2）”根据当日各班售票员《售票员结算单》中的“小计金额（1）”栏“出售押金”项相加之和填写（分早、晚班）。

（六）“IC 卡收入”栏中“BOM 票款”一项根据当日各班售票员《售票员结算单》中的“小计金额（1）”栏“出售金额”项之和填写（分早、晚班）；若 OCT 充值机故障，无法打印小单时，当天的 OCT 收入记入该栏，并在“备注”栏说明。“补短款”项根据当天按《补款通知书》所补短款金额填写。“其他”项根据《特殊情况票款交接记录表》中“TVM 外部拾到现金”栏内对应的“总计金额”填写。若当天客值交接出现长短款，将长款记入该栏，同时在“备注”栏说明。“BOM 收入小计（3）”项按“IC 卡收入”栏内“小计（3）”以上所有项相加计算填写。

（七）“纸票（4）”一项根据当日各班《售票员结算单》中的“小计金额（3）”栏“出售金额”项相加之和填写（分早、晚班）。

（八）若当日有团体单程票收入，应在“团体单程票（5）”栏填写相应的各班收入。

（九）“E/S 预制票（6）”一项根据当日各班售票员的《售票员结算单》中“小计金额（4）”栏“出售金额”项相加之和填写（分早、晚班）。

（十）“OCT 押金（7）”根据当日各班售票员的《售票员结算单》中“小计金额（2）”栏“出售押金”项相加之和计算填写。

（十一）“OCT 票款收入（5）”栏根据当日各班售票员的《售票员结算单》中的“小计金额（2）”栏“出售金额”项相加之和填写。

（十二）“营收总金额”栏计算公式为：营收总金额（10）=小计（1）+IC 卡押金（2）+小计（3）+“纸票”（4）+团体单程票（5）+E/S 预制票（6）+OCT 押金（7）+OCT 票款收入（8）。

（十三）“实际解行金额”栏由客运值班员将当天实际解行总金额填写在“实际解行金额”对应的“合计”栏。

（十四）账面平衡公式：本日票款结存＝上日票款结存＋营收总金额－实际解行金额。

（十五）“非现金票款收入（如支票支付等）”栏填写乘客直接支付到我司账户的票款金额，如乘客用支票购买团体储值票所付的金额等。车站将相应金额填写在车票实际出售当天的报表上，且需将财务部的“支票核实”书面通知随当天报表上交票务分部。

（十六）“单程票退款金额”栏填写当天单程票退款总金额，以正数表示。

（十七）“备注”栏填写一些需说明的情况，如：（1）所补短款对应的《补款通知

书》的编号及未补短款售票员姓名；（2）填写本日共上交团体发票相应联的张数；（3）当日开出OP102的张数（不含作废联）；（4）填写本日开出《车票上交单》的张数，此处根据车站随报表上交弃票、回收箱储值票的上交单（不含作废联）张数填写；（5）其他一些需要说明的情况，如：车站上交票务分部发售团体储值票收取的支票回执的情况；车站客值交接时出现短款等特殊情况；OCT充值机故障，当天收入计入BOM票款。（6）AFC维修人员使用人工方式清出TVM遗留硬币无硬币清出时，注明“V××无硬币清出”（维修人员签名AFC＊＊）。

（十八）打包返纳车站客值交班时站存票款账实相符，之后银行通知解行出现错款时的填写：

1. 错款为短款时的填写（1－1）车站收到银行错款通知的当天，OP201的“实际解行金额”栏根据银行返还的现金送款单金额填写。“票款结存”项“本日”对应的“上日结存送行金额”根据银行通知短款的金额与本日前已送行但银行未盖章返还车站的金额之和填写。

（1－2）车站到财务部补交了短款的当天，OP201“实际解行金额”栏以A＋B形式填写；A为银行返还的现金送款单的金额，B为收款收据的金额。收款收据随当天报表上交票务分部。

2. 错款为长款时，当天报表的填写（2－1）车站收到银行错款通知的当天，在“IC卡收入”区“其他”项的空白栏手工增加“错款”栏，将银行通知长款的金额填写在此栏。

（2－2）“票款结存”项“本日”对应的“隔夜票款金额”栏＝晚班票款收入－预解行票款－错款金额。

六、《特殊情况票款交接记录表》（OP007）的填写说明

（一）该报表在车站人员或AFC维修人员从TVM内取出，地铁人员在TVM外拾获现金交给当班客运值班员，故障钱箱送修已返还且有现金交给车站时填写。

（二）“TVM其他票款来源”栏指AFC或车站人员从（副）找零器中人工清出未进入钱箱的现金，或从TVM内退币杯清出、TVM其他部件拾到的现金及从故障钱箱或补币箱清出遗留的现金（注：不包括钱箱故障未能打开，但已按《取硬/纸币钱箱清单》记录的钱箱机器数计入了《车站营收日报》的金额）。

1. “TVM号码”填写清出现金的TVM机器号、故障补币箱号及故障钱箱号码。若为故障送修已返还钱箱则无须填写。

2. “纸币金额”指清出的纸币。

3. “硬币金额”指清出的硬币。

4. “交款人”由交款人员签章或签名确认。AFC维修人员需注明“AFC”字样。

5. “收款人”由负责收款的客运值班员签章确认。

6. TVM内部拾获或清出现金，“交款人”和“收款人”不能是同一人。结账列印及处理TVM其他事务需打开维修门时，从退币杯清出硬币，“收款人”由客运值班员签章确认；“交款人”由另一名人员签章确认。

7. “小计”为本页的纸币金额之和或硬币金额之和。

8. “总计金额”指当日所有有效纸币与有效硬币的“小计”之和（当日若开出多张该报表，则只在最后一张的“总计金额”栏填写）。

（三）“TVM 外部拾到现金”栏填写地铁人员从 TVM 外其他地方拾获的现金情况。

1. “金额”指从 TVM 外的其他地方拾到的现金。

2. “交款人”由交款方签章（指车站人员）或签名（非车站票务人员）确认。

3. “收款人”由负责收款的客运值班员签章确认。

4. “总计金额”指本页“TVM 外部拾到现金”栏对应有效“金额”之和（当日若开出多张该报表，则只在最后一张的“总计金额”栏填写）。

七、《钱箱清点报告》（OP254）填写说明

（一）《钱箱清点报告》由客运值班员在每次清点钱箱时填写，每清点一次填写一张《钱箱清点报告》，且纸币钱箱和硬币钱箱要分栏填写。

（二）当日已清点的钱箱的《钱箱清点报告》随当日报表上交票务分部。

（三）一般情况下隔夜清点的钱箱对应的《钱箱清点报告》的日期按票款产生日期填写（特殊情况除外）。

（四）“TVM 号码”栏填写取出清点钱箱的 TVM 号码。

（五）“钱箱号码”栏填写取出清点钱箱的钱箱号码。若《TVM 结账列印单》记录的钱箱号码与实际钱箱号码不一致时，将钱箱实际号码用括号在旁边注明。

（六）“机器金额”列根据《TVM 结账列印单》上的钱箱金额记录逐个填写。

（七）“实点金额”列根据实际清点钱箱的金额逐个填写；硬币钱箱清点金额以“m + n + y”形式填写，m 为点币机清点的一元硬币金额，n 为点币机清点的五毛钱硬币金额，y 为无法通过点币机清点的硬币总金额（不含机、假、外币）。

（八）“差额（+/-）”列，计算公式为：“差额”=“实点金额”-“机器金额”［设备故障等特殊原因导致有机器数无实点数时，差额按第（十四）规定填写］，由当班客运值班员逐个钱箱填写，并在“合计”的“差额”栏的反映钱箱差额合计数（各钱箱产生的差额总和）。

（九）“合计”栏的“机器金额”和“实点金额”由负责该次清点工作的客运值班员填写，并由另一清点员工确认。对清点过程中发现的机、假、外币，不需记入该钱箱的实点金额，此类币种须加封后随相应《钱箱清点报告》上交票务分部。每个钱箱对应的“实点金额”栏的金额数据原则上不允许更改，确实是由于笔误而必须更改的，在更改时必须由客运值班员和另一清点员工双人确认并签章。

（十）“钱箱总数”栏填写本次已开启清点的硬币钱箱或纸币钱箱的总个数。如一次性已开启清点的钱箱总数过多，一张《钱箱清点报告》填写不完时，可接续下页填写，并由客运值班员在“备注”栏注明。

（十一）“清点时间”栏填写清点钱箱开始时间。

（十二）“备注”栏填写需说明情况，如：（1）监控仪故障情况；（2）无法通过点币机清点的票款，分别注明面值、数量、涉及金额情况；（3）清点钱箱时发现机、假、

外、币的数量；（4）因故障无法清点的钱箱，在发现故障当日注明故障钱箱对应的售票日期、TVM 号码、故障钱箱号码及故障钱箱机器金额；故障钱箱打开清点后，在打开清点当日注明故障钱箱发生的日期、对应的 TVM 号码、故障钱箱号码、钱箱机器金额和实点金额等清点过程中发生的异常情况。（5）其他需说明的一些情况。如非法取钱箱操作等。由在现场监督清点工作的客运值班员负责在“备注”栏填写。

（十三）若《取硬/纸币钱箱清单》对应的硬币钱箱和纸币钱箱均有记录，《钱箱清点报告》机器金额数按《取硬/纸币钱箱清单》记录的钱箱金额数填写；若《取硬/纸币钱箱清单》无法看清钱箱金额数或无法打印时，该钱箱的机器数按实点数填写。

（十四）若 TVM 已完成结账打印，并打印了清单，但钱箱无法取出或因故障未能打开，当天《钱箱清点报告》中该钱箱金额机器数按《TVM 结账列印单》填写，并记入《钱箱清点报告》的机器金额“合计”栏，实点金额无须填写。若该钱箱被打开，在打开当天的《钱箱清点报告》填写该钱箱实点数，原《TVM 结账列印单》记录的机器数用括号在对应“机器金额”栏注明，该钱箱实点数计入实点金额“合计”栏，用括号注明的原《TVM 结账列印单》记录的机器数无须计入机器金额“合计”栏，若“实点数” – “原 TVM 打印单记录的机器数”存在差额，则需将此差额记入打开当天《钱箱清点报告》相应“差额（+/–）”栏。

（十五）设备当天出现多笔非法取钱箱清单时的填写规定若设备当天出现多笔非法取钱箱清单，且车站对钱箱进行了更换，更换钱箱后须按程序进行清点，并在报表上反映钱箱清点情况。若经 AFC 维修人员确认并在结账列印单上备注为设备故障造成，车站并未更换钱箱，且钱箱机器金额为 0 时，无须填报该报表。非法操作或设备故障导致同一钱箱、同一时间出现多张非法取钱箱清单，且清单显示有金额的情况若钱箱号码相同时，《钱箱清点报告》中的钱箱号码填写为一个号码，机器金额数按：“A + B + …”形式填写；若钱箱号码与取钱箱清单上显示不相同时，《钱箱清点报告》中的钱箱号码填写为 A、B、C（X），其中 A、B、C 为单上显示错误的钱箱号，X 为正确的钱箱号。客运值班员需在“备注”栏备注以上情况。

（十六）OP254 右下角“本日共页”由晚班客值填写当天开出 OP254 的总张数（不含作废联），只需在当天的最后一份报表上填写。

（十七）“硬币回收”操作后更换的钱箱，按“硬币回收”清单上的“回收金额”填写《钱箱清点报告》钱箱金额的机器数。若进行了两次“硬币回收”操作，则将两次的“回收金额”以“A + B”的形式填写《钱箱清点报告》钱箱金额的机器数。

八、《车站售票/存票日报》（OP202）填写说明

（一）由晚班客运值班员根据本日的《TVM 结账列印单》、SC 报表、《售票员结算单》《车票上交单》《配票明细单》等报表填写。

（二）“票种”列反映站存车票及凭证的种类。限期 E/S 预制单程票记入“限期预制票”相应栏；不限期 E/S 预制单程票记入“不限期预制票”相应栏；BOM 预制的单程票记入“普通 TOKEN”相应栏。

（三）“上日结存”列根据上日的《车站售票/存票日报》中“本日结存”对应数填写。

（四）“配票”“上交”列根据《配票明细单》和《车票上交单》分别填写本日票务分部配发或回收的各种车票的数量。随报表上交的弃票、回收箱储值票的数量不在该报表中反映。

（五）对票务应急处理情况下开边门回收的普通 TOKEN，需在“增加”栏的空格栏填写“边门回收”记录回收的数量（非票务应急情况从边门回收的车票无须填写此栏）。

（六）“普通 TOKEN”的“本日结存”列填写：按当天运营结束后，客运值班员将每台 TVM 内剩余的普通 TOKEN、闸机回收的普通 TOKEN 全部回收清点，加上点钞室内站存的其他普通 TOKEN 的合计数填写。

（七）票种栏的“BOM 废票”和“TVM 废票”对应“增加栏（+）”的“TVM 废票”“BOM 废票”分别填写 BOM 和 TVM 当天实际产生的废票数，对应“减少栏（-）”的“上交”栏填写实际上交票务分部的废票数。

（八）“设备故障”列填写当天车站随报表上交到票务分部的特殊情况车票数量，如发售不成功的车票等。其中车站售票员在 BOM 上发售单程票时，若发售的单程票从正常出票口出票但分析异常，此车票记入 OP202 对应“设备故障”列，而非“BOM 废票 2”列，该类车票加封后随当天报表交票务分部。

（九）“发售”栏填写车站本日各种车票的发售数量。其中“普通 TOKEN”的发售量 = 车站客运值班员及以上人员在 BOM 上预制单程票的张数（不包括付费出站票、免费出站票、乘客事务所发售的有值车票、大客流情况下直接在 BOM 上发售的车票和在本站 BOM 上预制并调配到其他站的单程票张数） + 车站各《TVM 结账列印单》的发售数之和（若《TVM 结账列印单》无法打印或《TVM 结账列印单》未能正常反映当天该台 TVM 的单程票发售数时，则该台 TVM 的单程票发售数根据当天 SC 报表上记录的数据计算填写）；其他各类车票的发售根据《售票员结算单》计算填写。

（十）若车站发生员工遗失车票的情况，则在“减少”栏的空格栏填写“遗失”，将遗失的车票数量记入该列。

（十一）OP202 总表的“新版纸票”“限期预制票”和“不限期预制票”栏记录的是所有该票种的车票总量，此类车票在车站站存发生变化时（包括配发、站间借票、发售、上交和遗失等情况），须分别按票种在 OP202 明细表相应栏填写，其中明细表“限期预制票”的“票种”记录为“×月×日￥×”。

（十二）“备注”栏填写车票盘点情况、AFC 人员清理出来的闸机内部散落的 TOKEN 数量以及其他需要说明的事项。

（十三）车站在本站 BOM 上预制单程票售卖时，若当天预制的单程票未能售完，则实际发售的车票张数记入 OP202 总表“普通 TOKEN”对应“发售”栏，未售完需上交票务分部的车票记入 OP202 总表“普通 TOKEN”对应“设备故障”栏。

（十四）车站从 BOM 上预制单程票并调到其他站时（BOM 预制单程票站存发生变化时，无须填写 OP202 明细表），调出站在 OP202 总表“普通 TOKEN”“减少”栏的

空格列手工填写“调出本站 BOM 预制票”，并将调出数计入该列，“发售”列无须再反映；调入站在“普通 TOKEN”“增加”栏的空格列手工填写“调入他站 BOM 预制票”，车票的调入情况计入该列，调入车票的售卖情况计入“普通 TOKEN”对应“发售”列（若调入的 BOM 预制单程票未能售完时 OP202 的填写方法同上点）。

（十五）车站每月进行车票盘点时的报表填写规定：

1. 盘点站存纸票、预制票时需填写《车站售票/存票日报》明细表，反映各票价车票数量。

2. 若盘点数量与《车站售票/存票日报》的结存数量一致，则在《车站售票/存票日报》总表及明细表的备注栏填写相应情况，盘点人员需在当日《车站售票/存票日报》总表及明细表注明盘点人员及员工号。

3. 若发现某票种的盘点数与《车站售票/存票日报》的结存数量不一致，则在该票种（对应总表及明细表）的原本日结存数后用括号注明实际盘点数量，并在《车站售票/存票日报》明细表的右下方空白处注明具体情况。

九、《车票上交单》（OP204）填写说明

（一）车站向票务分部上交车票时由当班客运值班员填写《车票上交单》（已在 OP102“备注”栏反映的车票除外）。上交的车票按不同的票种分类填写。

（二）“附注”栏填写车票上交的原因。

（三）车站上交弃票和从回收箱回收的储值票时，应单独填写一张《车票上交单》，在“票种”列分票种类型注明“弃票”或“回收箱回收的 × ×票”，在对应“张数”栏填写车票数量，并注明车票的 ID 和车票的余值。对于弃票，当班客运值班员需与检查人员双人在“附注”栏签章（指车站人员）或签名（非车站票务人员）确认。

（四）车站上交票据时应单独填写一张《车票上交单》，在“车票类型”列注明上交的票据类型，在“张数”列填写数量，并填写对应“ID 起止号”和“金额”栏。

（五）“合计”栏填写本次上交的所有车票或票据数量的总和。

十、《车票/现金借出记录表》（OP205）填写说明

（一）在发生车票或现金的借出、归还业务时，填写本表（需注明票种明细）。

（二）本表由借出车站当班客运值班员负责填写，并由借入车站签章确认。

（三）“借出车票”和“归还车票”栏下的“票种”“张数”“车票 ID”“借出原因”以及“借出现金金额”“借出现金原因”“归还现金金额”栏需详细填写清楚，若“借出部门”和“请借部门”为车站时，需填写车站名。上述栏目若需更改，必须由发放人和请借人双人签章确认。

（四）当借出车站收到归还的车票或现金时，需将借出车票或现金时填写的本表一式四联收齐后，填写“归还车票”或“归还现金”的有关栏目，并由归还人和签收人签章确认。若借出车票或现金时填写的本表一式四联未能收齐，则由借出车站在一份新表中填写归还车票或归还现金的内容，接收部门签收，在“备注”栏注明原借出车票或现金的日期、OP205 的编号。

（五）本表第一联由借出部门交票务分部（若借出部门为车站，则随当天报表于次日交票务分部），第二联由借入部门交票务分部（若借入部门为车站，则随当天报表于次日交票务分部），第三联由借入部门留存，第四联由借出部门留存。

（六）车站调配不限期预制票时，在相应的《车票/现金借出记录表》的“车票类型”栏注明所调配车票具体的售出日期、售出车站（以 BOM 分析显示的“上次进/出使用地点”为准）、票价等信息。

十一、团体单程票发票

（一）车站须在发票上列明实际人数、收费折扣及折扣率。

（二）若团体乘车的行程为从起点站经中间站至起点站，且经中间站时不出站，该团体的乘车费用按从起点站至中间站的单程收费。

（三）开具发票应当按照规定的时限、顺序，逐栏、全部联次一次性如实开具，并加盖财务专用章或发票专用章。发票写错，不得更改，一律重开，同时在原发票上注明“作废”字样，全部联次保留在原位置上。

（四）团体发票需双人办理，分别在“填写人”和“收款人”栏盖章确认。

（五）填写发票时必须使用复写纸过底，且确保过底清晰。

（六）团体发票需填写完整，不得漏项。没有单位名称时，该处填写“自用”。

十二、现金交款单

（一）《现金交款单》由车站客运值班员在票款或备用金解行时填写，另须在交款单右上角注明填写人、站名。

（二）车站每日的《现金交款单》随银行确认解行金额当日的报表上交票务分部，且该单必须加盖“现金讫章”才有效。

十三、车站代收“羊城通”故障卡报表填写说明

由售票员填写收卡袋和回执，将故障车票封入收卡袋内。一个“羊城通”收卡袋只能办理一张羊城通故障卡。

（一）收卡袋的填写说明

1. 填写收卡袋前，应先核对卡袋正面编号与回执编号是否一致。若不一致，则该卡袋加盖作废章作废，另取收卡袋填写。

2. 请选择办理的业务：统一在“换卡”项打钩。

3. 收卡时间：填写收卡年、月、日、时、分。

4. 退卡，卡内余额元：无须填写。

5. 换卡：根据卡面判断，填写该项内容。如判断为无折损车票，则在“□免费”前的□打√；如判断为折损车票，则在“□不可免费，收新卡押金 30 元”前的□打√，并在“（□已支付□未支付）”中的“□未支付”前的□打√；如判断为折损车票，但乘客要求将故障卡内的余额转到乘客手中的其他羊城通车票时，则在“□不可免费，余额转自带卡（自带卡余额：元）”前的□打√。

6. 受理点经办签名：由负责办理的售票员和值班员或以上级别人员双人签章。

7. 盖章：由负责确认的值班员或以上级别人员加盖车站票务专用章。

8. 车站需在收卡袋的空白处注明的内容：羊城通车票的ID、乘客的签名以及乘客有效的联系电话；乘客欠地铁车程费共×元。

9. 乘客确认收卡袋封好后，在封口处签名确认。售票员将回执撕下交给乘客。

10. 车站办理故障卡时，需向乘客说明故障卡的处理以羊城通公司解释为准。

（二）回执的填写说明

1. 受理编号：填写所封“羊城通”收卡袋的对应编号，并进行核对。

2. 收卡日期：填写收卡年、月、日。

3. 办理业务：统一在“换卡”项打钩。

4. 被收卡表面的现场判别：根据车票票面情况，在相应项目方框内打钩。

（1）若车票无折损，则在“原卡表面完好”前的□打√；

（2）若车票折损，则在“原卡被折叠、扭曲、裂痕、腐蚀、人为涂写、划花、打孔”项打钩，“支付新卡按金30元，原卡余额转入新卡内”和“余额转自带卡”项用线划去，无须选择打钩。

5. 持卡人签名认可：请乘客确认所填信息无误后签名。

6. 联系电话：请乘客留下有效的联系电话。

7. 受理点经办（盖章）：由负责确认的值班员或以上级别人员加盖车站票务专用章。

8. 车站需在回执空白处注明的内容：所办理的羊城通车票的ID；需由羊城通公司代扣地铁车程费×元。

（三）无效卡交接单的填写说明

1. 受理编号：填写办理的“羊城通”收卡袋的编号。

2. 换卡是否付新卡押金：统一在“否”项打钩。

3. 备注：若交接的“羊城通”故障卡需羊城通公司代收最后车程费的，则将需收取的车程费反映在相应收卡袋对应的“备注”栏，注明“地铁委托羊城通公司代收车程费×元”。

4. 统计：无须填写。

5. 地铁公司交卡人：由车站交接人员和车务部指定收卡人员双方签章（指车站人员）或签名（非车站人员）确认，并加盖车站票务专用章。

6. “羊城通公司收卡人签收（盖章）”和“时间”两项，在车务部指定收卡人员与羊城通公司交接时由羊城通公司相关人员填写并加盖羊城通公司有效印章。

（四）羊城通单据交接记录表的填写说明

1. 票种：填写“无效卡交接单”。

2. 张数：填写无效卡交接单的张数。

3. ID起止号：填写交接的所有无效卡交接单的单号。

4. 金额：填写所有无效卡交接单中需羊城通公司代扣的总金额。

5. 回收原因：无须填写。

6. 合计：无须填写。
7. 备注：填写“附无效卡交接单共××张”。
8. 制表人：由车务部指定收卡人员签章确认。
9. 核收人：由财务部收取单据的人员签名确认交接。

十四、重新填写报表的规定

车站售票员在接受封窗检查或发现未及时退出 BOM 时，经值班员进行结账处理，票务检查人员或值班站长签章确认后，售票员继续上售票岗的，需按照报表填写规定重新填写一套报表。

参 考 文 献

[1] 上海申通地铁集团有限公司轨道交通培训中心. 城市轨道交通车站客运服务. 北京：中国铁道出版社，2010.
[2] 高蓉. 城市轨道交通服务礼仪. 北京：人民交通出版社，2011.
[3] 裴瑞江. 城市轨道交通客运组织. 北京：机械工业出版社，2009.
[4] 张堂，吴冰. 城市轨道交通车站设备. 北京：电子工业出版社，2011.